U0293018

图书在版编目（CIP）数据

建筑工程概论／孙韬，王峰主编．—北京：中国建筑工业
出版社，2019.6（2023.12重印）
住房城乡建设部土建类学科专业"十三五"规划教材．
建筑类专业适用
ISBN 978-7-112-23555-1

Ⅰ．①建…　Ⅱ．①孙…②王…　Ⅲ．①建筑工程－高等
学校－教材　Ⅳ．① TU

中国版本图书馆CIP数据核字（2019）第058243号

　　本教材为住房城乡建设部土建类学科专业"十三五"规划教材。教材编写组结合多年来的教学经验及建筑工程相关专业的行业特点，将教材内容划分为建筑工程概论导入、住宅建筑工程概论、公共建筑工程概论、工业建筑工程概论四个模块。在后三个模块中，根据结构特点分类，讲述各种模块的常见结构形式，将每种结构类型的构造特点和结构特点，结合建筑工程的工作特点，将内容重新整合，使学生更容易接受。本教材适用于高职院校建筑类专业的师生，也可供相关行业专业技能人员培训使用。

　　为更好地支持本课程的教学，我们向采用本书作为教材的教师提供教学课件，有需要者请与出版社联系，邮箱：jckj@cabp.com.cn，电话：（010）58337285，建工书院：http://edu.cabplink.com（PC端）。

责任编辑：杨　虹　尤凯曦
责任校对：焦　乐

"十三五"江苏省高等学校重点教材（编号：2018-2-043）
住房城乡建设部土建类学科专业"十三五"规划教材
建筑工程概论
（建筑类专业适用）
本教材编审委员会组织编写

孙　韬　王　峰　主　编

张　扬　褚锡星　副主编

李　进　主审

*

中国建筑工业出版社出版、发行（北京海淀三里河路9号）

各地新华书店、建筑书店经销

北京雅盈中佳图文设计公司制版

建工社（河北）印刷有限公司印刷

*

开本：787×1092毫米　1/16　印张：11¾　字数：243千字

2019年6月第一版　2023年12月第五次印刷

定价：38.00元（赠教师课件）

ISBN 978-7-112-23555-1

（33852）

编审委员会名单

主　任：季　翔

副主任：朱向军　周兴元

委　员（按姓氏笔画为序）：

王　伟　甘翔云　冯美宇　吕文明　朱迎迎

任雁飞　刘艳芳　刘超英　李　进　李　宏

李君宏　李晓琳　杨青山　吴国雄　陈卫华

周培元　赵建民　钟　建　徐哲民　高　卿

黄立营　黄春波　鲁　毅　解万玉

前　　言

　　"建筑工程概论"课程是建筑工程相关专业的一门职业基础平台课程，在专业课程体系中处于承前启后的重要位置，目的是让学生了解工作过程应具备的建筑方面的基本知识。通过学习使学生了解不同结构类型的建筑受力特点，掌握一般民用建筑构造的理论和方法及结构选型基本原则，掌握各类建筑的施工质量要求，为学生后续课程学习和毕业后从事相关行业设计与施工等工作奠定基础。

　　教材编写组结合多年来的教学经验，结合建筑工程相关专业（如建筑装饰、建筑动画、建筑设备等）的行业特点，将教材内容划分为：建筑工程概论导入、住宅建筑工程概论、公共建筑工程概论、工业建筑工程概论四个模块。在后三个模块中，根据结构特点分类，讲述各种建筑的常见结构形式，将每种结构类型的构造特点和结构特点，结合建筑工程的工作特点，将内容重新整合，使学生更容易接受。学生学习完成后，在今后工作中遇到实际问题时，可以非常简单地"对号入座"。

　　本教材注重落实立德树人根本任务，促进学生成为德智体美劳全面发展的社会主义建设者和接班人。教材内容融入思政元素，加强理想信念教育，传承中华文明，推进中华民族文化自信自强。本教材可供高职院校建筑装饰工程技术、建筑设计、建筑设备工程技术、建筑电气、建筑给水排水等专业的学生学习和相关行业专业技能人员培训使用。本教材模块1由江苏建筑职业技术学院孙韬和湖州职业技术学院褚锡星编写；模块2由江苏建筑职业技术学院王峰、孙秋荣编写；模块3由江苏建筑职业技术学院王峰和九州职业技术学院张建清编写；模块4由江苏建筑职业技术学院孙韬、刘娟和黄冈职业技术学院张扬编写。中国美术学院风景建筑设计研究总院有限公司的曹良标高工为本教材编写提供了大量的工程图片和现场素材。本教材由上海城建职业学院李进副院长主审。鉴于编者的学术水平和教学设计能力，教材编写难免有不当之处，请广大读者不吝指正，多提宝贵意见。

　　感谢江苏高校"青蓝工程"资助；2017年江苏省高等教育教改研究立项课题（2017JSJG285）。

《建筑工程概论》教材编写组

目　　录

1

模块 1　建筑工程概论导入

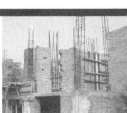

建筑工程概论课程是建筑装饰工程技术专业的一门职业基础平台课程，在专业课程体系中处于承前启后的重要位置，目的是让学生了解建筑装饰工作过程应具备的建筑方面的基本知识，通过学习使学生了解不同结构类型的建筑受力特点，掌握一般民用建筑构造的理论和方法及结构选型基本原则，为学生后续课程学习和毕业后从事建筑装饰设计与施工等工作奠定基础。

本模块首先从建筑的产生入手，重点讲述建筑的分类与分级等专业术语和基本概念。

1.1 学习项目 1 建筑的产生

1.1.1 建筑的产生及含义

建筑物最初是人类为了蔽风雨和防野兽而建造的。当初人们利用树枝、石块这样一些容易获得的天然材料，粗略加工，盖起了树枝棚、石屋等原始的建筑物。随着生产力的发展，人们对建筑物的要求也日益提高，出现了许多不同的建筑类型，它们在使用功能、所用材料、建筑技术和建筑艺术等方面都有很大发展。

对于建筑的含义，从古至今就有很多的说法。有人认为"建筑是居住的机器"；有人认为"建筑就是艺术"；也有人认为"建筑是由物质材料构成的空间"……这些说法都是很片面的。准确地讲：建筑是根据人们物质生活和精神生活的要求，为满足各种不同的社会过程（包括生产、生活、文化等）的需要，而建造的有组织的内部和外部的空间环境。

建筑，一般来讲是建筑物和构筑物的统称。满足功能要求并提供活动空间和场所的称为建筑物，供人们在其中从事生产、生活或进行其他活动，如工厂、住宅、学校、剧院等。仅满足功能要求的则称为构筑物，如烟囱（图 1-1）、水塔、井架、煤仓（图 1-2）等。

1.1.2 建筑的生产流程

建设工程从立项到竣工的所有程序，包括立项审批、规划设计、工程报建、工程建造和工程竣工验收等。

1-1 建筑工程概论导入课件

图 1-1 烟囱（左）
图 1-2 煤仓（右）

1．立项审批

甲方向上级主管部门提交项目立项申请报告书、项目建议书或项目可行性研究报告、建设用地的权属文件或建设项目用地预审意见书、项目建设投资概算、银信部门出示的资金证明以及项目地形图等，等待审批。

2．规划设计

由市规划局根据城市总体规划和立项文件核发勘察设计红线，提供规划设计条件。建筑设计分为三个阶段，即方案设计、初步设计和施工设计。市城建局负责联系市有关部门对初步设计进行会审批复。

3．工程报建

1）工程报建，首先要提供如下资料到建设行政主管部门办理登记手续：

（1）计划部门核发的《固定资产投资许可证》或主管部门批准的计划任务书；

（2）规划部门核发的《建设用地规划许可证》和《建设工程规划许可证》；

（3）国土部门核发的《国有土地使用证》；

（4）符合项目设计资格设计单位设计的施工图纸和施工图设计文件审查批准书；

（5）人防办核发的《人民防空工程建设许可证》；

（6）消防部门核发的《建筑工程消防设计审核意见书》；

（7）防雷设施检测所核发的《防雷设施设计审核书》；

（8）地震办公室核发的《抗震设防审核意见书》；

（9）建设资金证明；

（10）工程预算书和造价部门核发的《建设工程类别核定书》；

（11）法律、法规规定的其他资料。

2）公开招标的建设工程，要补充如下资料到招标办办理手续：

（1）建设单位法定代表人证明或法定代表人委托证明；

（2）建设工程施工公开招标申请表；

（3）建设工程监理公开招标申请表。

3）邀请招标的建设工程，要补充如下资料到招标办办理手续：

（1）建设单位法定代表人证明或法定代表人委托证明；

（2）建设工程施工邀请招标审批表；

（3）建设工程监理邀请招标审批表；

（4）工商部门签发的私营企业证明；

（5）法人营业执照；

（6）其他申请邀请招标理由证明。

4）直接发包的建设工程，要补充如下资料到招标办办理手续：

（1）建设单位法定代表人证明或法定代表人委托证明；

（2）建设单位申请安排建设工程施工单位报告；

（3）建设单位申请安排建设工程监理单位报告；

（4）工商部门签发的私营企业证明；

（5）法人营业执照；

（6）建设工程直接发包审批表。

5）办理建设工程质量监督，要提供如下资料到质监站办理手续：

（1）《规划许可证》；

（2）工程施工中标通知书或工程施工发包审批表；

（3）工程监理中标通知书或工程监理发包审批表；

（4）施工合同及其单位资质证书复印件；

（5）监理合同及其单位资质证书复印件；

（6）施工图设计文件审查批准书；

（7）建设工程质量监督申请表；

（8）法律、法规规定的其他资料。

6）办理建设工程施工安全监督，要提供如下资料到安监站办理手续：

（1）建设单位提供的资料：

①工程施工安全监督报告；

②工程施工中标通知书或工程施工发包审批表；

③工程监理中标通知书或工程监理发包审批表；

④工程项目地质勘察报告（结论部分）；

⑤施工图纸（含地下室平、立、剖）；

⑥工程预算书（总建筑面积、层数、总高度、造价）。

（2）施工单位提供的资料：

①安全生产、文明施工责任制；

②安全生产、文明施工管理目标；

③施工组织设计方案和专项技术方案；

④安全生产、文明施工检查制度；

⑤安全生产、文明施工教育制度；

⑥项目经理资质证书复印件，安全员、特种作业人员上岗证原件和复印件；

⑦现场设施、安全标志等总平面布置图；

⑧购买安全网的合格证、准用证发票原件和复印件；

⑨建设工程施工安全生产责任书；

⑩建设工程施工安全受监申请表；

⑪法律、法规规定的其他资料。

7）领取《施工许可证》，除第1条规定提供的资料外，要补充如下资料到建委办理手续：

（1）工程施工中标通知书或工程施工发包审批表；

（2）工程监理中标通知书和工程监理合同；

（3）施工单位项目经理资质证书（桩基础工程要提供建设行政主管部门核发的桩机管理手册）；

（4）使用商品混凝土《购销合同》或经建设行政主管部门批准现场搅拌的批文；

（5）质量监督申请安排表；

（6）安全监督申请安排表；

（7）建设工程质量监督书；

（8）建设工程施工安全受监证；

（9）施工许可申请表。

4．工程建造

施工许可证办理好，施工单位就可以按照施工合同和经审查、会审的施工图，进行工程项目的建造了。

5．工程竣工验收

1）工程竣工验收，要提供如下资料到质监站审核，质监站在7个工作日内审核完毕；建设单位组织有关单位验收时，质监站派员现场监督：

（1）已完成工程设计和合同约定的各项内容；

（2）工程竣工验收申请表；

（3）工程质量评估报告；

（4）勘察、设计文件质量检查报告；

（5）完整的技术档案和施工管理资料（包括设备资料）；

（6）工程使用的主要建筑材料、建筑构配件和设备的进场试验报告；

（7）地基与基础、主体混凝土结构及重要部位检验报告；

（8）建设单位已按合同约定支付工程款；

（9）施工单位签署的《工程质量保修书》；

（10）市政基础设施的有关质量检测和功能性试验资料；

（11）规划部门出具的规划验收合格证；

（12）公安、消防、环保、防雷、电梯等部门出具的验收意见书或验收合格证；

（13）质监站责令整改的问题已全部整改好；

（14）造价站出具的工程竣工结算书。

2）建设工程竣工验收前，施工单位要向建委提供安监站出具的工程施工安全评价书。

3）建设工程竣工验收备案，自工程竣工验收之日起15个工作日内，要提供如下资料到质监站办理手续：

（1）工程竣工验收报告；

（2）《施工许可证》；

（3）竣工验收备案表；

（4）工程质量监督报告；

（5）工程竣工验收申请表；

（6）工程质量评估报告；

（7）工程施工安全评价书；

（8）工程质量保修书；

（9）工程竣工结算书；

（10）商品住宅要提供《住宅质量保证书》和《住宅使用说明书》；

（11）法律、法规规定的其他资料。

4）建设工程竣工结算审核，要提供如下资料到造价站办理手续。

（1）工程按实际结算的，要提供如下资料：

①建设单位和施工单位的委托书；

②工程类别核定书；

③工程施工中标通知书或工程施工发包审批表；

④工程施工承发包合同；

⑤施工组织设计方案；

⑥图纸会审记录；

⑦工程施工开工报告；

⑧隐蔽工程验收记录；

⑨工程施工进度表；

⑩工程子目换算和抽料（筋）表；

⑪工程设计变更资料；

⑫施工现场签证资料；

⑬竣工图。

（2）工程按甲乙双方约定的固定价格（或总造价）结算的，要提供如下资料：

①建设单位和施工单位的委托书；

②工程承包合同原件；

③竣工图。

到此，完成了整个建筑物的竣工验收，便可以投入使用。

1.2　学习项目2　建筑的分类与分级

1.2.1　建筑的分类

1. 按使用功能分类

1）民用建筑：

指供人们工作、学习、生活、居住用的建筑物。

（1）居住建筑：如住宅、宿舍、公寓等。

（2）公共建筑：按性质不同又可分为15类之多。

①文教建筑；②托幼建筑；③医疗卫生建筑；④观演性建筑；⑤体育建筑；⑥展览建筑；⑦旅馆建筑；⑧商业建筑；⑨电信、广播电视建筑；⑩交通建筑；⑪行政办公建筑；⑫金融建筑；⑬饮食建筑；⑭园林建筑；⑮纪念建筑。

2）工业建筑：

指为工业生产服务的生产车间及为生产服务的辅助车间、动力用房、仓储等。

1-2　建筑的类型和等级

3）农业建筑：

指供农（牧）业生产和加工用的建筑，如种子库、温室、畜禽饲养场、农副产品加工厂、农机修理厂（站）等。

2. 按建筑规模和数量分类

（1）大量性建筑：指建筑规模不大，但修建数量多，与人们生活密切相关的分布面广的建筑，如住宅、中小学教学楼、医院、中小型影剧院、中小型工厂等。

（2）大型性建筑：指规模大、耗资多的建筑，如大型体育馆、大型剧院、航空港、站、博览馆、大型工厂等。与大量性建筑相比，其修建数量是很有限的，这类建筑在一个国家或一个地区具有代表性，对城市面貌的影响也较大。

3. 按建筑层数分类

（1）住宅建筑按层数划分为：1~3 层为低层建筑；4~6 层为多层建筑；7~9 层为中高层建筑；10 层以上为高层建筑。

（2）公共建筑及综合性建筑总高度超过 24m 者为高层建筑（不包括总高度超过 24m 的单层主体建筑）。

（3）建筑物高度超过 100m 时，不论住宅或公共建筑均为超高层建筑。

4. 按承重结构的材料分类

（1）木结构建筑：指以木材作房屋承重骨架的建筑。

（2）砖（或石）结构建筑：指以砖或石材为承重墙柱和楼板的建筑。这种结构便于就地取材，能节约钢材、水泥和降低造价，但抗震性能差，自重大。

（3）钢筋混凝土结构建筑：指以钢筋混凝土构件作承重结构的建筑。如框架结构（图 1-3）、剪力墙结构（图 1-4）、框剪结构、筒体结构等，具有坚固耐久、防火和可塑性强等优点，故应用较为广泛。

（4）钢结构建筑（图 1-5）：指以型钢等钢材作为房屋承重骨架的建筑。钢结构力学性能好，便于制作和安装，工期短，结构自重轻，适宜超高层和大跨度建筑中采用。随着我国高层、大跨度建筑的发展，采用钢结构的趋势正在增长。

图 1-3　框架结构（左）
图 1-4　剪力墙结构
　　　　（右）

图 1-5　钢结构建筑

图 1-6 砖木结构（左）
图 1-7 砖混结构（右）

（5）混合结构建筑：指采用两种或两种以上材料作承重结构构件的建筑。如由砖墙、木楼板构成的砖木结构建筑（图 1-6）；由砖墙、钢筋混凝土楼板构成的砖混结构建筑（图 1-7）；由钢屋架和混凝土梁（或柱）构成的钢混结构建筑。

1.2.2 建筑物的等级划分

建筑物的等级一般按设计使用年限和耐火性进行划分。

1. 按设计使用年限分等级

建筑物的设计使用年限主要根据建筑物的重要性和规模大小划分，作为基建投资和建筑设计的重要依据。《民用建筑设计通则》GB 50352—2019 中规定：以主体结构确定的建筑设计使用年限分为四类（表 1-1）。

建筑物设计使用年限分类 表1-1

类别	设计使用年限（年）	示例
1	5	临时性建筑
2	25	易于替换结构构件的建筑
3	50	普通建筑和构筑物
4	100	纪念性建筑和特别重要的建筑

注：此表依据《建筑结构可靠性设计统一标准》GB 50068，并与其协调一致。

2. 按耐火性能分等级

所谓耐火等级，是衡量建筑物耐火程度的标准，它是由组成建筑物的构件的燃烧性能和耐火极限的最低值所决定的。划分建筑物耐火等级的目的在于根据建筑物的用途不同提出不同的耐火等级要求，做到既有利于安全，又有利于节约基本建设投资。现行《建筑设计防火规范（2018 年版）》GB 50016—2014 将民用建筑的耐火等级划分为四级，且规范中对不同耐火等级建筑相应构件的燃烧性能和耐火极限都给出了最低限值，具体见表 1-2。

1）建筑构件的燃烧性能可分为如下三类：

（1）不燃烧体：指用不燃烧材料做成的建筑构件，如天然石材、人工石材、金属材料等。

不同耐火等级建筑相应构件的燃烧性能和耐火极限（h）　　　表1—2

构件名称		耐火等级			
		一级	二级	三级	四级
墙	防火墙	不燃性3.00	不燃性3.00	不燃性3.00	不燃性3.00
	承重墙	不燃性3.00	不燃性2.50	不燃性2.00	难燃性0.50
	非承重外墙	不燃性1.00	不燃性1.00	不燃性0.50	可燃性
	楼梯间和前室的墙 电梯井墙 住宅建筑单元之间的墙 和分户墙	不燃性2.00	不燃性2.00	不燃性1.50	难燃性0.50
	疏散走道两侧的隔墙	不燃性1.00	不燃性1.00	不燃性0.50	难燃性0.25
	房间隔墙	不燃性0.75	不燃性0.50	难燃性0.50	难燃性0.25
柱		不燃性3.00	不燃性2.50	不燃性2.00	难燃性0.50
梁		不燃性2.00	不燃性1.50	不燃性1.00	难燃性0.50
楼板		不燃性1.50	不燃性1.00	不燃性0.50	可燃性
屋顶承重构件		不燃性1.50	不燃性1.00	可燃性0.50	可燃性
疏散楼梯		不燃性1.50	不燃性1.00	不燃性0.50	可燃性
吊顶（包括吊顶搁栅）		不燃性0.25	难燃性0.25	难燃性0.15	可燃性

注：1.除本规范另有规定外，以木柱承重且以不燃烧材料作为墙体的建筑物，其耐火等级应按四级确定；

2.住宅建筑构件的耐火极限和燃烧性能可按现行国家标准《住宅建筑规范》GB 50368的规定执行。

（2）燃烧体：指用容易燃烧的材料做成的建筑构件，如木材、纸板、胶合板等。

（3）难燃烧体：指用不易燃烧的材料做成的建筑构件，或者用燃烧材料做成，但用非燃烧材料作为保护层的构件，如沥青混凝土构件、木板条抹灰等。

2）建筑构件的耐火极限：

所谓耐火极限，是指任一建筑构件在规定的耐火试验条件下，从受到火的作用时起，到失去支持能力或完整性被破坏或失去隔火作用时为止的这段时间，用小时表示。只要以下三个条件中任一个条件出现，就可以确定是否达到其耐火极限：

（1）失去支持能力。指构件在受到火焰或高温作用下，由于构件材质性能的变化，使承载能力和刚度降低，承受不了原设计的荷载而破坏。例如，受火作用后的钢筋混凝土梁失去支承能力，钢柱失稳破坏；非承重构件自身解体或垮塌等，均属失去支持能力。

（2）完整性被破坏。指薄壁分隔构件在火中高温作用下，发生爆裂或局部坍落，形成穿透裂缝或孔洞，火焰穿过构件，使其背面可燃物燃烧起火。例如，受火作用后的板条抹灰墙，内部可燃板条先行自燃，一定时间后，背火面的抹灰层龟裂脱落，引起燃烧起火；预应力钢筋混凝土楼板使钢筋失去预应力，发生炸裂，出现孔洞，使火苗窜到上层房间。在实际中这类火灾相当多。

(3) 失去隔火作用。指具有分隔作用的构件，背火面任一点的温度达到220°C时，构件失去隔火作用。例如，一些燃点较低的可燃物（纤维系列的棉花、纸张、化纤品等）烤焦后以致起火。

1.3 学习项目3 建筑工程的发展

1.3.1 建筑工程的发展现状

1. 居住建筑的发展现状

由于土地价格的节节攀升，目前我国的大城市居住建筑多以高层住宅为主，结构形式多以框架和剪力墙结构为主。为进一步保护耕地资源，限制黏土砖的使用，乡镇和小城市的居住建筑虽以多层建筑为主，但也都采用框架结构，砖混结构住宅只在部分新农村改造项目中应用。

为节约能源，提高住宅的抗震能力，钢结构住宅近年来也在大力推广，尤其是各地的保障房工程和别墅工程，钢结构住宅屡见不鲜。

为提高工程质量，减少施工过程对环境的污染，预制装配化住宅也越来越多地在很多大城市得以应用。

2. 公共建筑的发展现状

为节约土地资源，公共建筑多以高层建筑和超高层建筑为主，结构形式多以框剪结构、剪力墙结构和筒体结构为主。为加快高层建筑的施工速度，减少施工过程对环境的污染，钢结构越来越多地应用到了高层公共建筑中。目前，我国最高的公共建筑是总高度为632m的上海中心大厦（图1—8）。

公共建筑的另一发展趋势就是大跨建筑，在一些大型性工程中，建筑的跨度也是在不断刷新，大多采用钢管桁架结构形式，可实现一百多米的建筑跨度。

3. 工业建筑的发展现状

随着我国制造业的不断发展，工业建筑的发展朝着跨度大、承载力强、施工周期短的方向发展。因此，钢结构厂房如雨后春笋般，遍地开花，无论是轻钢还是重钢，无论是门式刚架还是网架，都有着很普遍的应用，几乎已完全取代了钢筋混凝土结构厂房。

图1—8 超高层建筑

1.3.2 建筑工程的发展趋势

1. 建筑工业化

当前，从事建筑业的农民工越来越少，人工成本节节攀升，加之我国制造装备业的大力发展和建筑业从业人员的学历水平不断提高，以及 BIM 技术的广泛应用，这都为建筑工业化的实施奠定了基础。

目前，建筑工业化是指设计标准化、构配件生产工厂化、施工机械化和建筑管理信息化。未来的建筑工业化就是要像造汽车一样造房子，不断提高建筑的预制装配率。

2. 绿色建筑

根据中国建筑节能协会公布的数据，全国建筑全过程碳排放总量占全国碳排放总量比重超半数。因此，大力发展绿色建筑，有效降低建筑领域产业链的碳排放将是助力实现碳中和极为重要的一环。在"十四五"建筑业发展规划中，还提出了加快推行绿色建造方式的发展目标。

2

模块 2　住宅建筑工程概论

2.1 学习项目1 住宅的建筑功能分析

2.1.1 住宅建筑的功能分析

1.住宅建筑的房间功能分析

住宅建筑根据人的生活需求，通常需要包括：客厅、餐厅、卧室、卫生间、厨房、阳台、车库或地下室以及其他房间（如衣帽间、楼梯间）等。根据住宅的单户面积不同，在住宅设计时以上各种房间的数量和大小各有不同，因此，就形成了各种不同户型的住宅。

2.住宅建筑的基本构造组成

一幢建筑物，一般是由基础、地下室、墙体或柱、楼板层、地坪、楼梯、屋顶和门窗组成，如图2-1所示。

（1）基础：是建筑物最下部的承重构件，其作用是承受建筑物的全部荷载，并将这些荷载传给地基。因此，基础必须具有足够的强度，并能抵御地下各种有害因素的侵蚀。

（2）墙体（或柱）：是建筑物的承重构件和围护构件。作为承重构件的外墙，其作用是抵御自然界各种因素对室内的侵袭；内墙主要起分隔空间及保证

2-1 住宅的建筑功能分析课件

2-2 民用建筑的构造组成（基础、墙、楼地层和楼梯）

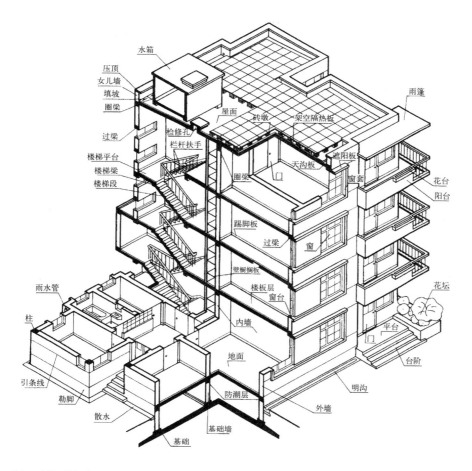

图2-1 居住建筑的构造组成

舒适环境的作用。框架或排架结构的建筑物中，柱起承重作用，墙仅起围护作用。因此，要求墙体具有足够的强度、稳定性，保温、隔热、防水、防火、耐久及经济等性能。

（3）楼板层和地坪：楼板是水平方向的承重构件，按房间层高将整幢建筑物沿水平方向分为若干层；楼板层承受家具、设备和人体荷载以及本身的自重，并将这些荷载传给墙或柱；同时对墙体起着水平支撑的作用。因此，要求楼板层应具有足够的抗弯强度、刚度和隔声、防潮、防水的性能。

地坪是底层房间与地基土层相接的构件，起承受底层房间荷载的作用。要求地坪具有耐磨、防潮、防水、防尘和保温的性能。

（4）楼梯：是楼房建筑的垂直交通设施，供人们上下楼层和紧急疏散之用。故要求楼梯具有足够的通行能力，并且防滑、防火，能保证安全使用。

（5）屋顶：是建筑物顶部的围护构件和承重构件。抵抗风、雨、雪、霜、冰雹等的侵袭和太阳辐射热的影响；又承受风雪荷载及施工、检修等屋顶荷载，并将这些荷载传给墙或柱。故屋顶应具有足够的强度、刚度及防水、保温、隔热等性能。

（6）门与窗：门与窗均属非承重构件，也称为配件。门主要供人们出入内外交通和分隔房间用，窗主要起通风、采光、分隔、眺望等围护作用。处于外墙上的门窗又是围护构件的一部分，要满足热工及防水的要求；某些有特殊要求的房间，门、窗应具有保温、隔声、防火的能力。

一座建筑物除上述六大基本组成部分以外，对不同使用功能的建筑物，还有许多特有的构件和配件，如阳台、雨篷、台阶、排烟道等。

3. 住宅建筑的常见结构形式

住宅建筑常见的结构形式包括：砖混结构、框架结构和剪力墙结构，它们各自适用于不同的情况：

（1）砖混结构：适用于低、多层住宅，但墙体材料受限；

（2）框架结构：适用于低、多层和小高层住宅，墙体材料不受限；

（3）剪力墙结构：适用于高层住宅。

2.1.2 住宅的建筑设计要求与特点

1. 住宅建筑设计的要求

在满足住宅建筑各项功能要求的前提下，必须综合运用有关技术知识，并遵循以下设计原则。

1）结构坚固、耐久

除按荷载大小及结构要求确定构件的基本断面尺寸外，对阳台、楼梯栏杆、顶棚、门窗与墙体的连接等构造设计，都必须保证建筑物构、配件在使用时的安全。

2）技术先进

在进行住宅建筑设计时，应大力改进传统的建筑方式，从材料、结构、施工等方面引入先进技术，并注意因地制宜，节能环保。

2-3 民用建筑的构造组成（屋面、门窗、其他）

3）合理降低造价

各种构造设计，均要注重整体建筑物的经济、社会和环境三个效益，即综合效益。在经济上注意节约建筑造价，降低材料的能源消耗，又必须保证工程质量，不能单纯追求效益而偷工减料，降低质量标准，应做到合理降低造价。

4）美观大方

建筑物的形象除了取决于建筑设计中的体形组合和立面处理外，一些建筑细部的构造设计对整体美观也有很大影响。

2．住宅建筑设计的特点

居住建筑属于大量性的建筑，不仅要求建筑要简单朴素、造价低，而且群体组合在保证日照、通风要求的前提下，应尽量提高建筑密度，以节省用地。

2.2 学习项目2 砖混结构住宅

2.2.1 砖混结构住宅的特点

砖混结构是指建筑物中竖向承重结构的墙、柱等采用砖或者砌块砌筑，横向承重的梁、楼板、屋面板等采用钢筋混凝土结构。也就是说砖混结构是以小部分钢筋混凝土及大部分砖墙承重的结构。砖混结构是混合结构的一种，是采用砖墙来承重，钢筋混凝土梁柱板等构件构成的混合结构体系。适合开间、进深较小施工技术房间面积小，多层或低层的建筑，对于承重墙体不能改动；而框架结构则对墙体大部可以改动。

砖混结构建筑的墙体的布置方式如下。

1．横墙承重

用平行于山墙的横墙来支承楼层。常用于平面布局有规律的住宅、宿舍、旅馆、办公楼等小开间的建筑。横墙兼作隔墙和承重墙之用，间距为3~4m。如图2-2所示。

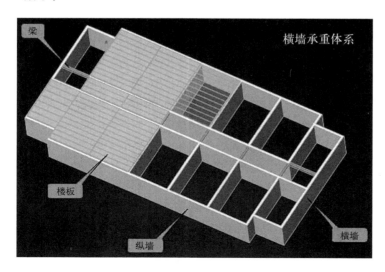

图2-2 横墙承重住宅

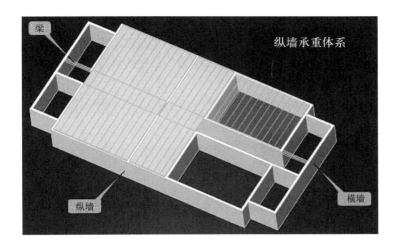

图 2-3　纵墙承重住宅

2．纵墙承重

用檐墙和平行于檐墙的纵墙支承楼层，开间可以灵活布置，但建筑物刚度较差，立面不能开设大面积门窗。如图 2-3 所示。

3．纵横墙混合承重

部分用横墙、部分用纵墙支承楼层。多用于平面复杂、内部空间划分多样化的建筑。如图 2-4 所示。

4．砖墙和内框架混合承重

内部以梁柱代替墙承重，外围护墙兼起承重作用。这种布置方式可获得较大的内部空间，平面布局灵活，但建筑物的刚度不够，常用于空间较大的大厅。

5．底层为钢筋混凝土框架，上部为砖墙承重结构

常用于沿街底层为商店，或底层为公共活动的大空间，上面为住宅、办公用房或宿舍等建筑。

以承重砖墙为主体的砖混结构建筑，在设计时应注意：门窗洞口不宜开得过大，排列有序；内横墙间的距离不能过大；砖墙体形宜规整和便于灵活布置。构件的选择和布置应考虑结构的强度和稳定性等要求，还要满足耐久性、耐火

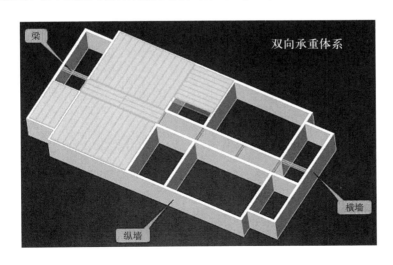

图 2-4　纵横墙共同承
重住宅

性及其他构造要求，如外墙的保温隔热、防潮、表面装饰和门窗开设，以及特殊功能要求。建于地震区的房屋，要根据防震规范采取防震措施，如配筋，设置构造柱、圈梁等。砖混结构建筑可以在质感、色彩、线条图案、尺度等方面造成朴实、亲切而具有田园气氛的风格。

2.2.2 砖混结构住宅的构造组成

砖混结构住宅的构造组成包括：条形基础、砖墙、圈梁、构造柱、楼板、屋顶、楼梯、门窗等，本节重点讲解条形基础、砖墙和楼板的构造。

1. 条形基础的构造

1）基础与地基的关系

在建筑工程中，建筑物下部与土层直接接触的构件称为基础，支承建筑物重量的土层叫地基。基础是建筑物的组成部分，它承受着建筑物的全部荷载，并将其传给地基。而地基则不是建筑物的组成部分，它只是承受建筑物荷载的土壤层。其中，具有一定的地耐力，直接支承基础，持有一定承载能力的土层称为持力层；持力层以下的土层称为下卧层。地基土层在荷载作用下产生的变形，随着土层深度的增加而减少，到了一定深度则可忽略不计（图2-5）。

基础是建筑物的主要承重构件，处在建筑物地面以下，属于隐蔽工程。基础质量的好坏，关系着建筑物的安全问题。建筑设计中合理地选择基础极为重要。

地基按土层性质不同，分为天然地基和人工地基两大类。凡天然土层具有足够的承载能力，不须经人工改良或加固，可直接在上面建造房屋的称天然地基。当建筑物上部的荷载较大或地基土层的承载能力较弱，缺乏足够的稳定性，须预先对土壤进行人工加固后才能在上面建造房屋的称人工地基。人工加固地基通常采用压实法、换土法、化学加固法和打桩法。

2）柔性基础

当建筑物的荷载较大而地基承载能力较小时，基础底面必须加宽，如果采用素混凝土等刚性材料做基础，势必加大基础的深度，这样很不经济。如果在混凝土基础的底部配以钢筋，利用钢筋来承受拉应力，使基础底部能够承受较大的弯矩，这时，基础宽度不受刚性角的限制，故称钢筋混凝土基础为非刚性基础或柔性基础。如图2-6所示。

2-4 基础的类型与埋深

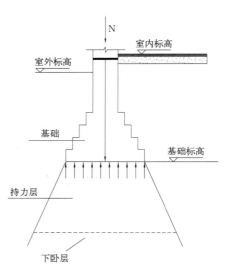

图2-5 基础与地基

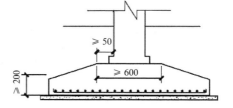

图2-6 柔性基础

3）刚性基础

由刚性材料制作的基础称为刚性基础。一般抗压强度高，而抗拉、抗剪强度较低的材料就称为刚性材料。常用的有砖、灰土、混凝土、三合土、毛石等。为满足地基容许承载力的要求，基底宽 B 一般大于上部墙宽，为了保证基础不被拉力、剪力破坏，基础必须具有相应的高度。通常按刚性材料的受力状况确定，基础在传力时只能在材料的允许范围内控制，这个控制范围的夹角称为刚性角，用 α 表示。砖、石基础的刚性角控制在（1：1.25）～（1：1.50）（26°～33°）以内，混凝土基础刚性角控制在 1：1（45°）以内。刚性基础的受力、传力特点如图 2-7 所示。

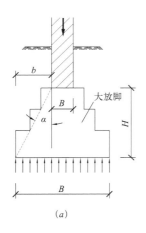 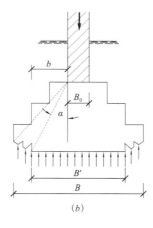

图 2-7　刚性基础的受力、传力特点图
（a）基础在刚性角范围内传力；
（b）基础底面宽超过刚性角范围而破坏

2．墙体的构造

1）墙体的作用及设计要求

（1）作用：承重、分隔、围护。

（2）设计要求：足够的强度和稳定性；热工方面要求；隔声要求；防火要求；满足工业化生产的要求。

2）砖墙材料

砖墙是用砂浆将一块块砖按一定的技术要求砌筑而成的砌体，其材料是砖和砂浆。

（1）砖

砖按材料不同，有黏土砖、页岩砖、粉煤灰砖、灰砂砖、炉渣砖等；按形状分有实心砖、多孔砖和空心砖等。其中，常用的是普通黏土砖。

普通黏土砖以黏土为主要原料，经成型、干燥焙烧而成。有红砖和青砖之分。青砖比红砖强度高，耐久性好。

我国标准砖的规格为 240mm×115mm×53mm，砖长：宽：厚 =4：2：1（包括 10mm 宽灰缝），标准砖砌筑墙体时是以砖宽度的倍数，即（115+10）mm=125mm 为模数。这与我国现行《建筑模数协调标准》GB/T 50002—2013 中的基本模数 M =100mm 不协调，因此在使用中，须注意标准砖的这一特征。

砖的强度以强度等级表示，分别为 MU30、MU25、MU20、MU10、MU7.5

五个级别。如 MU30 表示砖的极限抗压强度平均值为 30MPa，即每平方毫米可承受 30N 的压力。

（2）砂浆

砂浆是砌块的胶结材料。常用的砂浆有水泥砂浆、混合砂浆、石灰砂浆和黏土砂浆。

①水泥砂浆由水泥、砂加水拌合而成，属水硬性材料，强度高，但可塑性和保水性较差，适应砌筑湿环境下的砌体，如地下室、砖基础等。

②石灰砂浆由石灰膏、砂加水拌合而成。由于石灰膏为塑性掺合料，所以石灰砂浆的可塑性很好，但它的强度较低，且属于气硬性材料，遇水强度即降低，所以适宜砌筑次要的民用建筑的地上砌体。

③混合砂浆由水泥、石灰膏、砂加水拌合而成。既有较高的强度，也有良好的可塑性和保水性，故民用建筑地上砌体中广泛采用。

④黏土砂浆是由黏土加砂加水拌合而成，强度很低，仅适于土坯墙的砌筑，多用于乡村民居。它们的配合比取决于结构要求的强度。

砂浆强度等级有 M15、M10、M7.5、M5、M2.5、M1、M0.4 共七个级别。

对以墙体承重为主的结构，常要求各层的承重墙上、下必须对齐；各层的门、窗洞孔也以上、下对齐为佳。此外，还需考虑以下两方面的要求。

3）砖墙的组砌方法

为了保证墙体的强度，砖砌体的砖缝必须横平竖直，错缝搭接，避免通缝。同时，砖缝砂浆必须饱满，厚薄均匀。常用的错缝方法是将丁砖和顺砖上下皮交错砌筑。每排列一层砖称为一皮。常见的砖墙砌式有全顺式（120mm墙）、一顺一丁式、三顺一丁式或多顺一丁式、每皮丁顺相间式（也叫十字式，240mm 墙）、两平一侧式（180mm 墙）等。如图 2-8 所示。

4）砖墙的细部构造

墙体的细部构造包括门窗过梁、窗台、勒脚、散水、明沟、变形缝、圈梁、构造柱和防火墙等。

（1）门窗过梁

过梁的形式有砖拱过梁、钢筋砖过梁和钢筋混凝土过梁三种。

2-5 墙体的细部构造

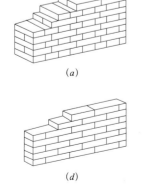

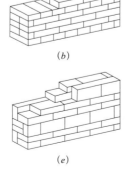

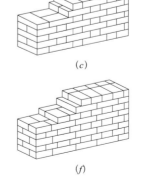

(a)　　　　　　　　　(b)　　　　　　　　　(c)

(d)　　　　　　　　　(e)　　　　　　　　　(f)

图 2-8　砖墙的组砌
　　　方式
(a) 240mm 砖墙，一顺
一丁式；
(b) 240mm 砖墙，多顺
一丁式；
(c) 240mm 砖墙，十字式；
(d) 120mm 砖墙；
(e) 180mm 砖墙；
(f) 370mm 砖墙

①砖拱过梁

砖拱过梁分为平拱和弧拱。由竖砌的砖作拱圈，一般将砂浆灰缝做成上宽下窄，上宽不大于 20mm，下宽不小于 5mm。砖不低于 MU7.5，砂浆不能低于 M2.5，砖砌平拱过梁净跨 L 宜小于 1.2m，不应超过 1.8m，中部起拱高约为 $1/50L$。

②钢筋砖过梁

钢筋砖过梁用砖不低于 MU7.5，砌筑砂浆不低于 M2.5。一般在洞口上方先支木模，砖平砌，下设 3~4 根 $\phi6$ 钢筋，要求伸入两端墙内不少于 240mm，梁高砌 5~7 皮砖或 $\geqslant L/4$，钢筋砖过梁净跨宜为 1.5~2m（图 2-9）。

③钢筋混凝土过梁

钢筋混凝土过梁有现浇和预制两种，梁高及配筋由计算确定。为了施工方便，梁高应与砖的皮数相适应，以方便墙体连续砌筑，故常见梁高为 60mm、120mm、180mm、240mm，即 60mm 的整倍数。梁宽一般同墙厚，梁两端支承在墙上的长度不少于 240mm，以保证足够的承压面积。

过梁断面形式有矩形和 L 形。为简化构造，节约材料，可将过梁与圈梁、悬挑雨篷、窗楣板或遮阳板等结合起来设计。如在南方炎热多雨地区，常从过梁上挑出 300~500mm 宽的窗楣板，既保护窗户不淋雨，又可遮挡部分直射太阳光（图 2-10）。

（2）窗台（图 2-11）

（3）墙脚

底层室内地面以下，基础以上的墙体常称为墙脚。墙脚包括墙身防潮层、勒脚、散水和明沟等。

①勒脚

勒脚是外墙墙身接近室外地面的部分，为防止雨水上溅墙身和机械力等的影响，所以要求墙脚坚固耐久和防潮。一般采用以下几种构造做法。

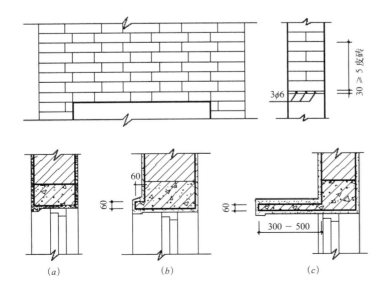

图 2-9　钢筋砖过梁构造示意

图 2-10　钢筋混凝土过梁的形式

(a) 平墙过梁；
(b) 带窗套过梁；
(c) 带窗楣过梁

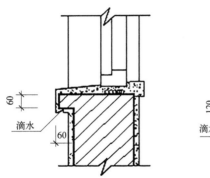
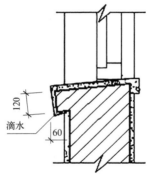

图 2—11 窗台构造

抹灰：可采用 20mm 厚的 1 ： 3 水泥砂浆抹面，1 ： 2 的水泥白石子浆水刷石或斩假石抹面。此法多用于一般建筑。

贴面：可采用天然石材或人工石材，如花岗石、水磨石板等。其耐久性、装饰效果好，用于高标准建筑。

勒脚采用石材，如条石等。

②防潮层

防潮层的位置如图 2—12 所示。

墙身水平防潮层的构造做法常用的有以下三种：

第一，防水砂浆防潮层，采用 1 ： 2 的水泥砂浆加水泥用量 3%~5% 的防水剂，厚度为 20~25mm 或用防水砂浆砌三皮砖作防潮层。此种做法构造简单，但砂浆开裂或不饱满时影响防潮效果。

第二，细石混凝土防潮层，采用 60mm 厚的细石混凝土带，内配三根 $\phi6$ 钢筋，其防潮性能好。

第三，油毡防潮层，先抹 20mm 厚的水泥砂浆找平层，上铺一毡二油，此种做法防水效果好，但有油毡隔离，削弱了砖墙的整体性，不应在刚度要求高或地震区采用。

如果墙脚采用不透水的材料（如条石或混凝土等），或设有钢筋混凝土圈梁时，可以不设防潮层。

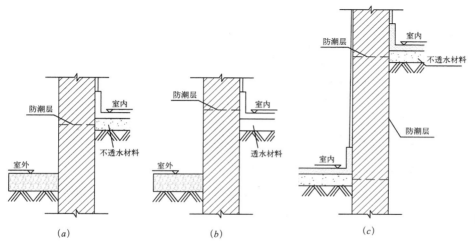

(a) (b) (c)

图 2—12 墙身防潮层
的位置

③散水与明沟

房屋四周可采取散水或明沟排除雨水。当屋面为有组织排水时一般设明沟或暗沟,也可设散水。屋面为无组织排水时一般设散水,但应加滴水砖(石)带。散水的做法通常是在素土夯实上铺三合土、混凝土等材料,厚度60~70mm。散水应设不小于3%的排水坡。散水宽度一般为0.6~1.0m。散水与外墙交接处应设分格缝,分格缝用弹性材料嵌缝,防止外墙下沉时将散水拉裂。散水整体面层纵向距离每隔6~12m做一道伸缩缝。

明沟的构造做法可用砖砌、石砌、混凝土现浇,沟底应做纵坡,坡度为0.5%~1%,宽度为220~350mm。

(4) 变形缝(图2-13)

变形缝有伸缩缝、沉降缝、防震缝三种。

①伸缩缝(或温度缝)

伸缩缝是在长度或宽度较大的建筑物中,为避免由于温度变化引起材料的热胀冷缩导致构件开裂,而沿建筑物的竖向将基础以上部分全部断开的垂直缝隙。有关规范规定砌体结构和钢筋混凝土结构伸缩缝的最大间距一般为50~75mm。伸缩缝的宽度一般为20~40mm。

②沉降缝

为减少地基不均匀沉降对建筑物造成危害,在建筑物某些部位设置从基础到屋面全部断开的垂直缝,称为沉降缝。

沉降缝一般在下列部位设置:

当同一建筑物建造在承载力相差很大的地基上时;建筑物高度或荷载相差很大,或结构形式不同处;新建、扩建的建筑物与原有建筑物相毗连时。

沉降缝的缝宽:

沉降缝的缝宽与地基情况和建筑物高度有关,其一般为30~70mm,在软弱地基上其缝宽应适当增加。

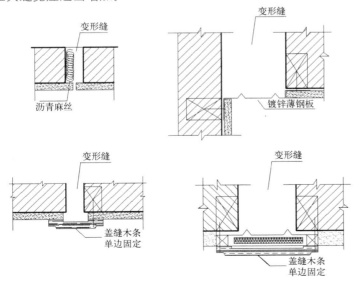

图2-13 变形缝构造图

③防震缝

防震缝是为了防止建筑物的各部分在地震时相互撞击造成变形和破坏而设置的垂直缝。防震缝应将建筑物分成若干体形简单、结构刚度均匀的独立单元。

防震缝的位置：

建筑平面体形复杂，有较长的突出部分，应用防震缝将其分为简单规整的独立单元；

建筑物（砌体结构）立面高差超过6m，在高差变化处须设防震缝；

建筑物毗连部分结构的刚度、重量相差悬殊处；

建筑物有错层且楼板高差较大时，须在高度变化处设防震缝。

防震缝应与伸缩缝、沉降缝协调布置。

防震缝宽：

防震缝宽与结构形式、设防烈度、建筑物高度有关。在砖混结构中，缝宽一般取50~100mm，多（高）层钢筋混凝土结构防震缝最小宽度见表2—1。

多（高）层钢筋混凝土结构防震缝最小宽度　　　　表2—1

结构体系	建筑高度$H\leq15m$	建筑高度$H>15m$，每增高5m加宽		
		7度	8度	9度
框架结构、框—剪结构	70	20	33	50
剪力墙结构	50	14	23	35

（5）墙身的加固

①壁柱和门垛

当墙体的窗间墙上出现集中荷载，而墙厚又不足以承担其荷载；或当墙体的长度和高度超过一定限度并影响到墙体稳定性时，常在墙身局部适当位置增设凸出墙面的壁柱以提高墙体刚度。壁柱突出墙面的尺寸一般为120mm×370mm、240mm×370mm、240mm×490mm或根据结构计算确定。

当在较薄的墙体上开设门洞时，为便于门框的安置和保证墙体的稳定，须在门靠墙转角处或丁字接头墙体的一边设置门垛，门垛凸出墙面不少于120mm，宽度同墙厚（图2—14）。

②圈梁

a．圈梁的设置要求

圈梁是沿外墙四周及部分内墙设置在楼板处的连续闭合的梁，可提高建筑物的空间刚度及整体性，增加墙体的稳定性。减少由于地基不均匀沉降而引

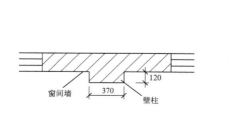
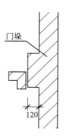

图2—14　壁柱和门垛

起的墙身开裂。对于抗震设防地区，利用圈梁加固墙身更加必要。

b. 圈梁的构造

圈梁有钢筋砖圈梁和钢筋混凝土圈梁两种。

钢筋砖圈梁就是将前述的钢筋砖过梁沿外墙和部分内墙一周连通砌筑而成。钢筋混凝土圈梁的高度不小于120mm,宽度与墙厚相同。圈梁的构造如图2—15所示。

当圈梁被门窗洞口截断时，应在洞口上部增设相同截面的附加圈梁，其配筋和混凝土强度等级均不变（图2—16）。

③构造柱

钢筋混凝土构造柱是从构造角度考虑设置的，是防止房屋倒塌的一种有效措施。构造柱必须与圈梁及墙体紧密相连，从而加强建筑物的整体刚度，提高墙体抗变形的能力。

构造柱的设置要求：

由于建筑物的层数和地震烈度不同，构造柱的设置要求也不相同。

构造柱的构造如图2—17所示。

a. 构造柱最小截面为 180mm×240mm，纵向钢筋宜用 4ϕ12，箍筋间距不大于 250mm，且在柱上下端宜适当加密；7 度时超过六层、8 度时超过五层和九度时，纵向钢筋宜用 4ϕ14，箍筋间距不大于 200mm；房屋角的构造柱可适当加大截面及配筋。

b. 构造柱与墙连接处宜砌成马牙槎，并应沿墙高每 500mm 设 2ϕ6 拉结筋，每边伸入墙内不少于 1m（图2—18）。

c. 构造柱可不单独设基础，但应伸入室外地坪下 500mm，或锚入浅于 500mm 的基础梁内。

（6）防火墙

防火墙的作用在于截断火灾区域，防止火灾蔓延。作为防火墙，其耐火

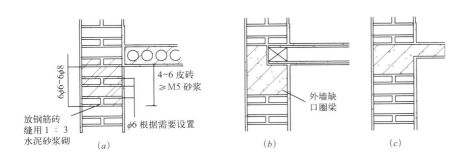

图2—15 圈梁构造

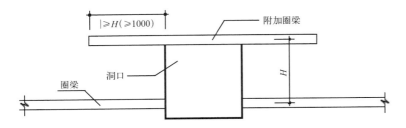

图2—16 附加圈梁

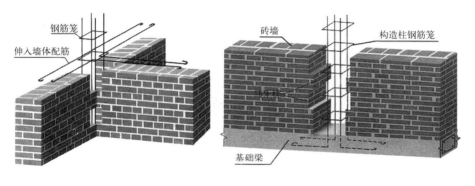

图 2-17 构造柱的构造（左）

图 2-18 构造柱马牙槎构造图（右）

极限应不小于 4.0h。防火墙的最大间距应根据建筑物的耐火等级而定，当耐火等级为一、二级时，其间距为 150m；三级时为 100m；四级时为 75m。

防火墙应截断燃烧体或难燃烧体的屋顶，并高出非燃烧体屋顶 400mm；高出难燃烧体屋面 500mm（图 2-19）。

3. 平板式楼板的构造

1）构造做法

（1）面层

位于楼板层的最上层，起着保护楼板层、分布荷载和绝缘的作用，同时对室内起美化装饰作用。

（2）结构层

主要功能在于承受楼板层上的全部荷载并将这些荷载传给墙或柱；同时还对墙身起水平支撑作用，以加强建筑物的整体刚度。

（3）附加层

附加层又称功能层，根据楼板层的具体要求而设置，主要作用是隔声、隔热、保温、防水、防潮、防腐蚀、防静电等。根据需要，有时和面层合二为一，有时又和吊顶合为一体。

图 2-19 防火墙的设置

（4）楼板顶棚层

位于楼板层最下层，主要作用是保护楼板、安装灯具、遮挡各种水平管线、改善使用功能、装饰美化室内空间。

2）楼板层的设计要求

（1）具有足够的强度和刚度

强度要求是指楼板层应保证在自重和活荷载作用下安全可靠，不发生任何破坏。这主要是通过结构设计来满足要求。刚度要求是指楼板层在一定荷载作用下不发生过大变形，以保证正常使用状况。结构规范规定楼板的允许挠度不大于跨度的1/250，可用板的最小厚度（$1/40L \sim 1/35L$）来保证其刚度。

（2）具有一定的隔声能力

不同使用性质的房间对隔声的要求不同，如我国对住宅楼板的隔声标准中规定：一级隔声标准为65dB，二级隔声标准为75dB等。对一些特殊性质的房间如广播室、录音室、演播室等的隔声要求则更高。楼板主要是隔绝固体传声，如人的脚步声、拖动家具声、敲击楼板声等都属于固体传声，防止固体传声可采取以下措施：

①在楼板表面铺设地毯、橡胶、塑料毡等柔性材料。

②在楼板与面层之间加弹性垫层以降低楼板的振动，即"浮筑式楼板"。

③在楼板下加设吊顶，使固体噪声不直接传入下层空间。

（3）具有一定的防火能力

保证在火灾发生时，在一定时间内不至于因楼板塌陷而给生命和财产带来损失。

（4）具有防潮、防水能力

对有水的房间，都应该进行防潮、防水处理。

（5）满足各种管线的设置

（6）满足建筑经济的要求

3）平板式楼板的具体要求

（1）现浇板

现浇钢筋混凝土楼板整体性好，特别适用于有抗震设防要求的多层房屋和对整体性要求较高的其他建筑，对有管道穿过的房间、平面形状不规整的房间、尺度不符合模数要求的房间和防水要求较高的房间，都适合采用现浇钢筋混凝土楼板。

楼板根据受力特点和支承情况，分为单向板和双向板。为满足施工要求和经济要求，对各种板式楼板的最小厚度和最大厚度，一般规定如下：

①单向板时（板的长边与短边之比 ≥ 3，或板仅为两对边支承时）：

屋面板板厚 60~80mm；

民用建筑楼板厚 70~100mm；

工业建筑楼板厚 80~180mm。

②双向板时（板的长边与短边之比≤2）：板厚为 80~160mm；

此外，板的支承长度规定：当板支承在砖石墙体上时，其支承长度不小于 120mm 或板厚；当板支承在钢筋混凝土梁上时，其支承长度不小于 60mm；当板支承在钢梁或钢屋架上时，其支承长度不小于 50mm。

③当 2< 板的长短边之比 <3 时，宜按双向板考虑，如有成熟的设计经验，可按单向板考虑。

（2）预制装配式楼板

装配式钢筋混凝土楼板系指在构件预制加工厂或施工现场外预先制作，然后运到工地现场进行安装的钢筋混凝土楼板。预制板的长度一般与房屋的开间或进深一致，为 3M 的倍数；板的宽度一般为 1M 的倍数；板的截面尺寸须经结构计算确定。

①板的类型

预制钢筋混凝土楼板有预应力和非预应力两种。

预制钢筋混凝土楼板常用类型有：实心平板、槽形板、空心板三种。

实心平板规格较小，跨度一般在 1.5m 左右，板厚一般为 60mm。预制实心平板由于其跨度小，常用于过道和小房间、卫生间、厨房的楼板。

槽形板是一种肋板结合的预制构件，即在实心板的两侧设有边肋，作用在板上的荷载都由边肋来承担，板宽为 500~1200mm，非预应力槽形板跨长通常为 3~6m。板肋高为 120~240mm，板厚仅 30mm。槽形板减轻了板的自重，具有省材料、便于在板上开洞等优点；但隔声效果差。

空心板也是一种梁板结合的预制构件，其结构计算理论与槽形板相似，两者的材料消耗也相近，但空心板上下板面平整，且隔声效果优于槽形板，因此是目前广泛采用的一种形式。

混凝土叠合楼板，是指将楼板沿厚度方向分成两部分，底部是预制底板，上部后浇混凝土叠合层。混凝土叠合楼板按具体受力状态，分为单向受力和双向受力叠合板。预制底板按有无外伸钢筋可分为"有胡子筋"和"无胡子筋"。目前装配式建筑中常用的为有胡子筋的双向受力叠合板。

②板的结构布置方式

应根据房间的平面尺寸及房间的使用要求进行板的结构布置，可采用墙承重系统和框架承重系统。当预制板直接搁置在墙上时称为板式结构布置；当预制板搁置在梁上时称为梁板式结构布置。

③板的搁置要求

支承于梁上时其搁置长度应不小于 80mm；支承于内墙上时其搁置长度应不小于 100mm；支承于外墙上时其搁置长度应不小于 120mm。铺板前，先在墙或梁上用 10~20mm 厚的 M5 水泥砂浆找平（即坐浆），然后再铺板，使板与墙或梁有较好的联结，同时也使墙体受力均匀。

当采用梁板式结构时，板在梁上的搁置方式一般有两种，一种是板直接搁置在梁顶上；另一种是板搁置在花篮梁或十字梁上（图 2-20）。

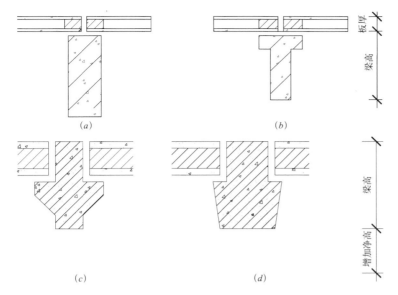

图 2-20 板在梁上的
搁置方式

④板缝处理

预制板板缝起着连接相邻两块板协同工作的作用，使楼板成为一个整体。在具体布置楼板时，往往出现缝隙。a. 当缝隙小于 60mm 时，可调节板缝（使其 ≤ 30mm，灌 C20 细石混凝土），当缝隙在 60~120mm 之间时，可在灌缝的混凝土中加配 2ϕ6 通长钢筋；b. 当缝隙在 120~200mm 之间时，设现浇钢筋混凝土板带，且将板带设在墙边或有穿管的部位；c. 当缝隙大于 200mm 时，调整板的规格（图 2-21）。

⑤装配式钢筋混凝土楼板的抗震构造

圈梁应紧贴预制楼板板底设置，外墙则应设缺口圈梁（L 型梁），将预制板箍在圈梁内。当板的跨度大于 4.8m，并与外墙平行时，靠外墙的预制板边应设拉结筋与圈梁拉结。

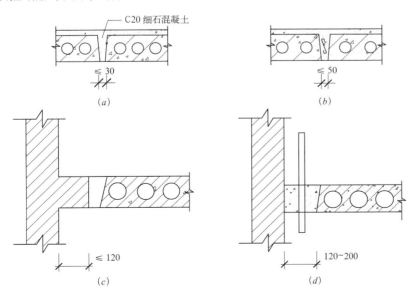

图 2-21 板缝处理

2.2.3 砖混结构住宅的结构设计要点

1. 砖混结构住宅的结构布置方案

1) 结构布置方案的影响因素

户型大小的影响；

房间使用功能的更新；

抗震要求的影响。

2) 结构布置方案的选择

砖混结构住宅通常选择纵横墙共同承重的刚性方案。

2. 砖混结构住宅的荷载传递路径

1) 竖向荷载传递路径

荷载—楼板—承重墙—条形基础—地基

2) 水平荷载传递路径

水平荷载—墙—（楼板—墙）—基础—地基

3. 砖混结构住宅的构件结构设计注意事项

楼梯间的墙体水平支撑较弱，顶层墙体较高，在 8 度和 9 度时，顶层楼梯间横墙和外墙宜沿墙高每隔 500mm 设 $2\phi6$ 的通长筋，9 度时，在休息平台处宜增设一钢筋带。

顶层，为防止墙体裂缝，可采取如下措施：保温层聚苯板由 45mm 加厚。为防止聚苯板在施工时被踩薄，可用水泥聚苯板代替普通聚苯板。圈梁加高，纵筋直径加大。架设隔热层，不采用现浇板带加预制板（为了解决挑檐抗倾覆问题）的方式。顶部山墙全部、纵墙端部（宽度为建筑宽度 $B/4$ 范围）在过梁以上范围加钢筋网片。构造柱至洞口的墙长度小于 300mm 时，应全部做成混凝土的，否则难以砌筑。小截面的墙（<600mm）如窗间墙应做成混凝土的，否则无法砌墙或受压强度不够。

在砖混结构中（尤其是 3 层及以下），可以取消部分横墙，改为轻隔墙，以减轻自重和地震力，减小基础开挖，也方便以后的房间自由分隔，不必每道墙均为砖墙。多层砌体房屋的局部尺寸限值过严，一般工程难以满足，在增设构造柱后可放宽。

此外还应重点注意以下几点：

（1）抗震验算时不同的楼盖及布置（整体性）决定了采用刚性、半刚半柔、柔性理论计算。抗震验算时应特别注意场地土类别。大开间房屋，应注意验算房屋的横墙间距。小进深房屋，应注意验算房屋的高宽比。外廊式或单面走廊建筑的走廊宽度不计入房间宽度。应加强垂直地震作用的设计，从震害分析，规范要求的垂直地震作用明显不足。

（2）雨篷、阳台、挑檐及挑梁的抗倾覆验算，楼面和屋面的挑梁入墙长度分别为 $1.2L$ 和 $2L$（L 为挑梁的外伸长度）。大跨度雨篷、阳台等处梁应考虑抗扭。考虑抗扭时，扭矩为梁中心线处板的负弯矩乘以跨度的一半。

（3）梁支座处局部承压验算（尤其是挑梁下）及梁下梁垫是否需要（6m

以上的屋面梁和4.8m以上的楼面梁一般要加）。支承在独立砖柱上的梁，不论跨度大小均加梁垫。与构造柱相连接的梁进行局部抗压计算时，宜按砌体抗压强度考虑。梁垫与现浇梁应分开浇筑。局部承压验算应留有余地。

（4）由于某些原因造成梁或过梁等截面较大时，应验算构件的最小配筋率。

（5）较高层高（5m以上）的墙体的高厚比验算，不能满足时增加一道圈梁。

（6）楼梯间和门厅阳角的梁支撑长度为500mm，并与圈梁连接。

（7）验算长向板或受荷面积较大的板下预制过梁承载力。

（8）跨度超过6m的梁下240mm墙应加壁柱或构造柱，跨度不宜大于6.6m，超过时应采取措施。如梁垫宽小于墙宽，并与外墙皮平，以调整集中力的偏心。

（9）当采用井字梁时，梁的自重大于板自重，梁自重不可忽略不计。周边一般加大截面的边梁或构造柱。

（10）问清配电箱的位置，防止配电箱与洞口相临，如相临，洞口间墙应大于360mm，并验算其强度。否则应加一大跨度过梁或采用混凝土小墙垛，小墙垛的顶、底部宜加大断面。严禁电线管沿水平方向埋设在承重墙内。

（11）电线管集中穿板处，板应验算抗剪强度或开洞。竖向穿梁处应验算梁的抗剪强度。

（12）构件不得向电梯井内伸出，否则应验算是否能装下。

（13）验算水箱下、电梯机房及设备下结构强度。水箱不得与主体结构做在一起。

（14）当地下水位很高时，砖混结构的暖沟应做防水。一般可做U形混凝土暖沟，暖气管通过防水套管进入室内暖沟。有地下室时，混凝土应抗渗，等级P6或P8，混凝土等级应大于等于C25，混凝土内应掺入膨胀剂。混凝土外墙应注明水平施工缝做法（阶梯式、企口式或加金属止水片），一般加金属止水片，较薄的混凝土墙做企口较难。

（15）上下层（含暖沟）洞口错开时，过梁上墙体有可能不能形成拱，所以过梁所受荷载不应按一般过梁所受荷载计算，并应考虑由于洞口错开产生的小墙肢的截面强度。

（16）突出屋面的楼电梯间的构造柱应向下延伸一层，不得直接锚入顶层圈梁。错层部位应采取加强措施。出屋面的烟囱四角应加构造柱或按地震区做法。女儿墙内加构造柱，顶部加压顶。出入口处的女儿墙不管多高，均加构造柱，并应加密。错层处可加一大截面圈梁，上下层板均锚入此圈梁。

（17）砖混结构的长度较长时应设伸缩缝。高差大于6m和两层时应设沉降缝。

（18）在地震区不宜采用墙梁，因地震时可能造成墙体开裂，墙和混凝土梁不能整体工作。如果采用，建议墙梁按普通混凝土梁设计。也不宜采用内框架。

（19）当建筑布局很不规则时，结构设计应根据建筑布局作出合理的结构布置，并采取相应的构造措施。如建筑方案为两端较大体量的建筑中间用很小的结构相连时（哑铃状），此时中间很小的结构的板应按偏拉和偏压考虑。板厚应加厚，并双层配筋。

（20）较大跨度的挑廊下墙体内跨板传来的荷载将大于板荷载的一半。挑梁道理相同。

（21）挑梁、板的上部筋，伸入顶层支座后水平段即可满足锚固要求时，因钢筋上部均为保护层，应适当增大锚固长度或增加一 $10d$ 的垂直段。

（22）应避免将大梁穿过较大房间，在住宅中严禁梁穿房间。

（23）构造柱不得作为挑梁的根。

常用砖墙自重（含双面抹灰）：120mm 墙：2.86kN/m²，240mm 墙：5.24kN/m²，360mm 墙：7.62kN/m²，490mm 墙：9.99kN/m²。

关于降水问题：当有地下水时，应在图纸上注明采取降水措施，并采取措施防止周围建筑及构筑物因降水不能正常使用（开裂及下沉），及何时才能停止降水（通过抗浮计算决定）。

进行普通砖混结构设计时，设计人员还应掌握如下设计规范：《建筑结构荷载规范》GB 50009—2012、《建筑抗震设计规范》GB 50011—2010、《混凝土结构设计规范》GB 50010—2010 等。并应考虑当地地方性的建筑法规。设计人员应熟悉当地的建筑材料的构成、货源情况、大致造价及当地的习惯做法，设计出经济合理的结构体系。

2.2.4 砖混结构住宅的质量要求与检验

1. 施工顺序

1）基础施工

基础施工顺序：施工放线——基槽开挖——检查轴线、标高——浇垫层混凝土——养护——砌条形基础——地圈梁。

2）主体结构施工

主体结构施工顺序：砖砌体砌筑——构造柱、圈梁钢筋绑扎——构造柱、圈梁模板施工——板模板施工——板钢筋绑扎——浇筑混凝土。

3）墙体砌筑的质量要求

砖墙的水平灰缝厚度和垂直灰缝宽度宜为 10mm，但不应小于 8mm，也不应大于 12mm。

砖墙的水平灰缝砂浆饱满度不得小于 80%；垂直灰缝宜采用挤浆或加浆方法，不得出现透明缝、瞎缝和假缝。

施工现场水平灰缝的砂浆饱满度用百格网检查。

砖砌体的转角处和交接处应同时砌筑，严禁无可靠措施的内外墙分开砌筑施工。对不能同时砌筑而又必须留置的砌筑临时间断处应砌成斜槎（俗称踏步槎），斜槎水平投影长度按规定不应小于高度的 2/3（图 2-22）。

对于非抗震设防及抗震设防烈度为 6 度、7 度地区的砌筑临时间断处，当不能留斜槎时，除转角处外，可留成直槎，但直槎的形状必须做成阳槎（图 2-23）。

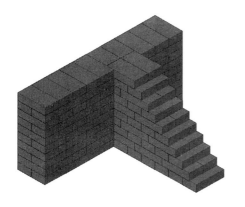

图 2—22　烧结普通砖砌体斜槎（俗称踏步槎）（左）
图 2—23　烧结普通砖砌体直槎（右）

　　在留直槎处应加设拉结钢筋，拉结钢筋的数量为每 120mm 墙厚放置 1ϕ6 拉结钢筋（但 120mm 与 240mm 厚墙均需放置 2ϕ6 拉结钢筋），间距沿墙高不应超过 500mm；埋入长度从留槎处算起每边均不应小于 500mm，对抗震设防烈度 6 度、7 度地区的砖混结构砌体，拉结钢筋长度从留槎处算起每边均不应小于 1000mm；末端应有 90°弯钩，建议长度 60mm。

　　2. 砖墙砌体的质量要求及保证措施

　　砌体的质量应符合《砌体结构工程施工质量验收规范》GB 50203—2011 的要求，做到横平竖直、灰浆饱满、错缝搭接、接槎可靠。

　　1）砌体灰缝横平竖直、灰浆饱满

　　（1）挂线砌筑；

　　（2）墙体砌筑宜用混合砂浆，因混合砂浆的和易性和保水性比水泥砂浆好，由于水泥砂浆的和易性和保水性较差，砌筑时不易铺开铺平；

　　（3）砖在砌筑前适当浇水；

　　（4）砌砖操作采用"三一"砌法。

　　2）错缝搭接

　　为了提高砌体的整体性、稳定性和承载力，砖块排列应遵守上下错缝、内外搭接的原则，不准出现通缝，错缝或搭接长度一般不小于 1/4 砖长（60mm）；在砌筑时尽量少砍砖，承重墙最上一皮砖应采用丁砖砌筑，在梁或梁垫的下面、砖砌体台阶的水平面上以及砌体的挑出层（挑檐、腰线），也应整砖丁砖砌筑；砖柱或宽度小于 1m 的窗间墙，应选用整砖砌筑。

　　3）接槎可靠

　　砖墙的转角处和交接处一般应同时砌筑，若不能同时砌筑，应将留置的临时间断做成斜槎。

　　如临时间断处留斜槎确有困难时，非抗震设防及抗震设防烈度为 6 度、7 度地区，除转角处外也可留直槎，但必须做成凸槎，并加设拉结筋。

　　砌筑顺序应符合规定：基底标高不同时，应从低处砌起，并应由高处向低处搭砌。当设计无要求时，搭接长度不应小于基础扩大部分的高度。在墙上留置临时施工洞口，其侧边离交接处墙面不应小于 500mm，洞口净宽度不应超过 1m。抗震设防烈度为 9 度的地区建筑物的临时施工洞口位置，应会同设计单位确定。

不得在下列墙体或部位设置脚手眼：

（1）120mm 厚墙、料石清水墙和独立柱；

（2）过梁上与过梁成 60° 角的三角形范围及过梁净跨度 1/2 的高度范围内；

（3）宽度小于 1m 的窗间墙；

（4）砌体门窗洞口两侧 200mm（石砌体为 300mm）和转角处 450mm（石砌体为 600mm）范围内；

（5）梁或梁垫下及其左右 500mm 范围内；

（6）设计不允许设置脚手眼的部位。

构造柱和砖组合墙由钢筋混凝土构造柱、烧结普通砖墙以及拉结钢筋等组成。钢筋混凝土构造柱应满足如下质量要求：

（1）截面尺寸不宜小于 240mm×240mm，其厚度不应小于墙厚，边柱、角柱的截面宽度宜适当加大。

（2）构造柱内竖向受力钢筋，对于中柱不宜少于 $4\phi12$；对于边柱、角柱，不宜少于 $4\phi14$。构造柱的竖向受力钢筋的直径也不宜大于 16mm。

（3）箍筋，一般部位宜采用 $\phi6$，间距 200mm，楼层上下 500mm 范围内宜采用 $\phi6$、间距 100mm。

（4）构造柱的竖向受力钢筋应在基础梁和楼层圈梁中锚固，并应符合受拉钢筋的锚固要求。

（5）构造柱的混凝土强度等级不宜低于 C20。

（6）烧结普通砖墙，所用砖的强度等级不应低于 MU10，砌筑砂浆的强度等级不应低于 M5。

（7）砖墙与构造柱的连接处应砌成马牙槎，每一个马牙槎的高度不宜超过 300mm，并应沿墙高每隔 500mm 设置 $2\phi6$ 拉结钢筋，拉结钢筋每边伸入墙内不宜小于 600mm。

（8）构造柱和砖组合墙的施工程序应为先砌墙后浇混凝土构造柱。构造柱施工程序为：绑扎钢筋、砌砖墙、支模板、浇筑混凝土、拆模。

（9）构造柱的模板可用木模板或组合钢模板。在每层砖墙及其马牙槎砌好后，应立即支设模板，模板必须与所在墙的两侧严密贴紧，支撑牢靠，防止模板缝漏浆。

（10）构造柱的底部（圈梁面上）应留出 2 皮砖高的孔洞，以便清除模板内的杂物，清除后封闭。

（11）构造柱浇灌混凝土前，必须将马牙槎部位和模板浇水湿润，将模板内的落地灰、砖渣等杂物清理干净，并在结合面处注入适量与构造柱混凝土相同的去石水泥砂浆。

（12）构造柱的混凝土坍落度宜为 50~70mm，石子粒径不宜大于 20mm。混凝土随拌随用，拌合好的混凝土应在 1.5h 内浇灌完。

（13）构造柱的混凝土浇灌可以分段进行，每段高度不宜大于 2.0m。在施工条件较好并能确保混凝土浇灌密实时，亦可每层一次浇灌。

（14）捣实构造柱混凝土时，宜用插入式混凝土振动器，应分层振捣，振动棒随振随拔，每次振捣层的厚度不应超过振动棒长度的 1.25 倍。振动棒应避免直接碰触砖墙，严禁通过砖墙传振。

2.3 学习项目 3 框架结构住宅

2.3.1 框架结构住宅的特点

框架结构住宅是指以钢筋混凝土浇捣成承重梁柱，再用预制的加气混凝土、膨胀珍珠岩、浮石、陶粒等轻质板材隔墙分户装配而成的住宅。适合大规模工业化施工，效率较高，工程质量较好。

框架结构住宅的好处有很多：

（1）因其使用的建筑材料为混凝土与钢筋共同工作原理，所以在受弯抗剪方面远高于砖混结构（承重荷载构件为砖墙的建筑，一般为 7 层以下，即多层建筑），故框架结构另一层含义又为高层建筑，从日趋紧张的住宅地皮来讲是个很好的结构形式。

（2）空间一定范围内自由分割，砖混结构的墙体多为承重墙，是绝对不允许破坏的，这就在一定程度上形成了困扰家居安放和空间分割的问题，而框架结构除去框架柱、梁板等以外的墙体多为填充墙体，是非承重的，一定范围内可以进行空间二次分割，注意别把和邻居公用的墙体拆掉。

（3）抗震性能远高于砖混结构，这是从建筑各构件受力状况和房屋整体性考虑的，涉及过多的专业概念，在此就不过多说了。

2.3.2 框架结构住宅的构造组成

框架结构的住宅一般由独立基础、柱子、梁、楼板、屋顶、楼梯和门窗组成；此处为大家重点讲述一下独立基础、肋梁式楼板和填充墙的构造。

1. 独立基础

当建筑物上部结构采用框架结构承重时，基础常采用方形或矩形的独立式基础，这类基础称为独立式基础或柱式基础。独立式基础是柱下基础的基本形式，又分为阶梯形和锥形独立基础（图 2—24）。

当柱采用预制构件时，则基础做成杯口形，然后将柱子插入并嵌固在杯口内，故称杯形基础。

当地基土承载力较低时，为了提高独立基础整体性，减小建筑物的不均匀沉降，通常在独立基础间设置连梁（图 2—25），或做成柱下条形基础（图 2—26）。

2. 肋梁式楼板

1）单向肋梁楼板

单向肋梁楼板由板、次梁和主梁组成（图 2—27）。其荷载传递路线为板→次梁→主梁→柱（或墙）。主梁的经济跨度为 5~8m，主梁高为主梁跨度的

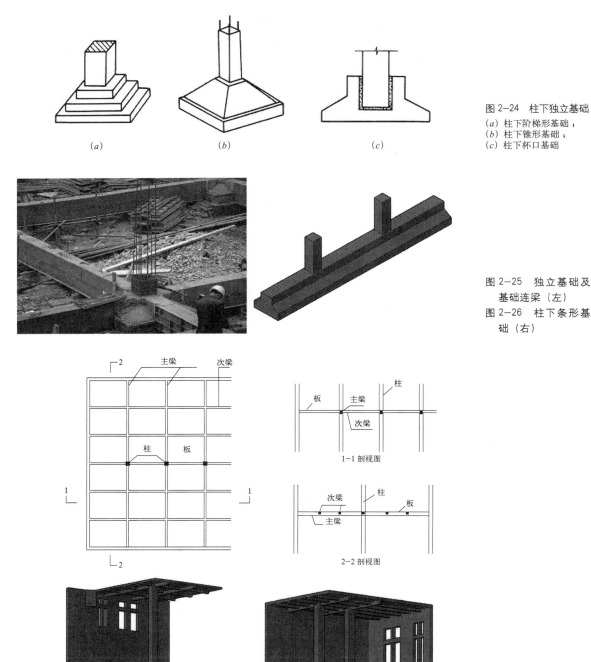

图 2-24　柱下独立基础
(*a*) 柱下阶梯形基础；
(*b*) 柱下锥形基础；
(*c*) 柱下杯口基础

图 2-25　独立基础及
　　　　基础连梁（左）
图 2-26　柱下条形基
　　　　础（右）

主梁　　次梁

柱　　板

1-1 剖视图

板　　主梁　　柱
次梁

次梁　　柱
主梁　　板

2-2 剖视图

图 2-27　单向肋梁楼
　　　　板图

1/14~1/8；主梁宽为高的 1/3~1/2；次梁的经济跨度为 4~6m，次梁高为次梁
跨度的 1/18~1/12，宽度为梁高的 1/3~1/2，次梁跨度即为主梁间距；板的厚
度确定方法同板式楼板，由于板的混凝土用量约占整个肋梁楼板混凝土用量的
50%~70%，因此板宜取薄些，通常板跨不大于 3m；其经济跨度为 1.7~2.5m。

2）双向板肋梁楼板

双向板肋梁楼板常无主次梁之分，由板和梁组成，荷载传递路线为板→梁→柱（或墙）。

当双向板肋梁楼板的板跨相同，且两个方向的梁截面也相同时，就形成了井式楼板（图2-28）。井式楼板适用于长宽比不大于1.5的矩形平面，井式楼板中板的跨度在3.5~6m之间，梁的跨度可达20~30m，梁截面高度不小于梁跨的1/15，宽度为梁高的1/4~1/2，且不少于120mm。井式楼板可与墙体正交放置或斜交放置。由于井式楼板可以用于较大的无柱空间，而且楼板底部的井格整齐划一，很有韵律，稍加处理就可形成艺术效果很好的顶棚。

3. 框架填充墙

1）填充墙材料

（1）分类

混凝土空心砌块、加气混凝土砌块、粉煤灰砌块和各种轻骨料混凝土砌块。

（2）混凝土空心砌块

承重、有竖向方孔。

主要规格：390mm×190mm×190mm（图2-29）。

强度等级：MU3.5、MU5、MU7.5、MU10、MU15。

（3）加气混凝土砌块

A系列尺寸：600mm×75（100、125、150……）mm×200（250、300）mm；

B系列尺寸：600mm×60（120、180、240……）mm×240（300）mm；

强度等级：MU1、MU2.5、MU5、MU7.5、MU10。

（4）粉煤灰砌块

主要规格：880mm×240mm×380mm；880mm×240mm×430mm。

强度等级：MU10、MU15。

（5）轻骨料混凝土砌块

分类：煤矸石混凝土空心砌块、煤渣混凝土空心砌块、浮石混凝土空心砌块及各种陶粒混凝土空心砌块。

主要规格：390mm×190mm×190mm。

强度等级：在MU2.5~MU10之间。

图2-28　井式楼板（左）

图2-29　混凝土空心砌块（右）

（6）砌筑砂浆

常用：水泥砂浆；掺有石灰膏或黏土膏的水泥混合砂浆；粉煤灰水泥砂浆、粉煤灰混合砂浆。

2）砌块填充墙的构造

（1）砌块排列图

按每片纵、横墙分别绘制，满足要求。如图 2—30 所示。

（2）主要施工顺序

铺灰、砌块吊装就位、校正、灌缝、镶砖。

（3）后砌填充墙拉结构造（图 2—31）

① 后砌填充墙应沿框架柱或剪力墙全高设 2 根直径 6mm（墙厚大于 240mm 时为 3 根）拉结筋，拉结筋沿墙全长贯通，拉结筋间距 500mm，且拉结筋应错开截断，相距不宜小于 200mm。

② 后砌填充墙拉结筋与柱或墙也可采用预留预埋件的方式，预埋件与拉结筋焊接。若施工中采用后植筋方式，尚应满足《混凝土结构后锚固技术规程》JGJ 145—2013 的规定，并应按《砌体结构工程施工质量验收规范》GB 50203—2011 的要求进行实体检测。

③ 为了保证砖隔墙不承重，在砖墙砌到楼板底或梁底时，将立砖斜砌一皮，

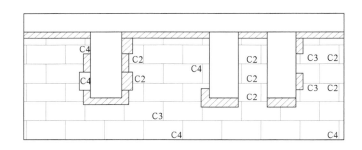

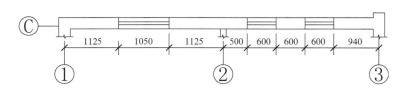

图 2—30 砌块排列图

图 2—31 后砌填充墙
拉结构造（左）
图 2—32 填充墙上部
构造（右）

或将空隙塞木楔打紧，然后用砂浆填缝(图2-32)。8度和9度时长度大于5.1m的后砌非承重砌体填充墙应与其上方的梁板等紧密结合。

④门窗洞口抱框是在框架结构砌筑填充墙时，遇到门窗洞口所设置的小混凝土构造柱，作为立框用，方便安装固定门窗（图2-33）。墙净高大于4m且洞宽分别大于1.5m（门洞）和2.1m（窗洞），洞边宜设抱框柱；墙净高不大于4m且洞宽分别大于1.8m（门洞）和2.4m（窗洞），洞边宜设抱框柱；窗边设抱框柱时，应在窗下口处相应设置现浇带。

（4）后砌填充墙中构造柱和水平系梁的构造要求（图2-34）

①填充墙中应按构造要求设置构造柱：填充墙转角处；当墙长超过5m或层高的2倍时填充墙的中部（且间距小于5m）；墙体端部为自由端时；宽度大于2100mm的门窗洞口两侧，外墙带有雨篷的门窗洞口两侧(与雨篷梁可靠拉结)。

②构造柱尺寸为200mm×墙厚，配筋均为$4\phi12+\phi6@150/250$。

③构造柱纵筋在梁、板或基础中的锚固做法详见国标图集《砌体填充墙结构构造》12G614-1第10、15页。

④构造柱与填充墙的拉结做法详见国标图集《砌体填充墙结构构造》12G614-1第16、26页。

⑤墙高超过4m时，应在墙体中部（与门窗洞口过梁标高相近时合并设置）设置与柱连接且沿墙全长贯通的钢筋混凝土水平系梁，系梁尺寸为墙厚×120mm，配筋均为$4\phi10+\phi6@250$。

⑥应在门洞口的上端和窗洞口的上下端设通长的钢筋混凝土带，系梁尺寸为墙厚×100mm，配筋均不小于$2\phi12+\phi6@250$。

⑦填充墙墙顶为自由端时，应在墙顶设一墙厚×200mm的压顶梁，配筋均为$4\phi10+\phi6@200$。

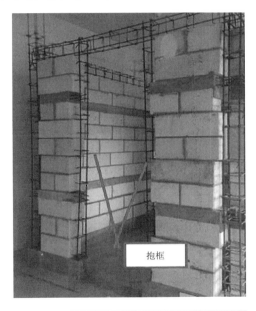

图2-33　填充墙洞口抱框构造

2.3.3　框架结构住宅的结构设计概述

1．框架结构体系

1）框架结构的组成

框架结构是由梁、柱、楼板及基础组成的结构形式。

图2-34　填充墙中构造柱和水平系梁

2）框架结构的种类

（1）根据施工方法的不同分为：整体式、装配式及装配整体式框架结构。

（2）根据所用材料的不同分为：混凝土框架结构、钢框架结构及组合框架结构。

3）框架结构的布置

（1）结构布置的一般原则：

①满足使用要求；

②满足人防、消防要求，使水、暖、电各专业的布置能有效地进行；

③结构尽可能简单、规则、均匀、对称，构件类型少；

④控制房屋高宽比 $H/B \leqslant 4$，保证必要的抗侧移刚度。

（2）结构布置的方法：

①横向承重框架；

②纵向承重框架；

③纵、横向混合承重框架。

2．梁、柱截面尺寸的初步确定

1）梁、柱截面形状

梁、柱截面形状常见的有：矩形、T形、箱形等。

2）梁、柱截面尺寸

（1）梁截面尺寸的确定：主要是满足竖向荷载作用下的刚度要求。框架梁的纵筋和腹筋的配置，按受弯构件正截面承载力和斜截面承载力的计算和构造确定。纵筋还应满足裂缝宽度的要求。框架主梁高度一般取其跨度的1/14~1/8，大多取1/12，次梁高度通常取其跨度的1/12~1/18，主、次梁宽度都取各自高度的1/3~1/2。

（2）柱截面尺寸的确定：框架柱截面的高与宽一般可取其层高的1/10~1/15，但不得小于规范规定的最小值。并可按下面的估算公式初步确定：

柱的截面面积 $A_c \geqslant N_c / (a*f_c)$

式中　a——柱轴压比限值（框架抗震等级一级取0.65、二级取0.75、三级取0.85，四级取0.9）；

　　　f_c——混凝土轴心抗压强度设计值；

　　　N_c——估算柱轴力设计值。

3）柱网布置

柱网分为：大柱网和小柱网两种。

通常，具有正交轴线柱网的矩形平面的框架结构中，沿长向被称为纵向框架，短向则称为横向框架。

3．框架结构受力特点

1）计算简图

（1）计算单元：要满足结构均匀、荷载对称，可用平面框架代替空间框架。根据框架结构组成，可分别选取横向框架和纵向框架作为计算单元。

（2）结构连接形式及轴线尺寸：

连接——用刚接节点表示；

杆件——用轴线表示；

梁跨度——取等截面柱形心间的距离，或取变截面柱较小部分截面形心间的距离；

层高（柱高度）——底层柱取基础顶面到一层梁顶之间的距离，其他层柱取各层梁顶之间的距离。

（3）计算简图的确定。

2）框架结构荷载

（1）竖向荷载：包括恒载（结构自重）和活载。

（2）水平荷载：包括风荷载和地震荷载。

（3）风荷载作用于框架的形式的确定：

按均匀分布的风平方荷载乘以框架的负载面积，得到沿高度分布的线荷载，再将线荷载简化为楼层节点荷载。

（4）楼面恒载和活载作用于框架的形式的确定：

①单向板：仅短边方向的框架梁承受均布荷载；

②双向板：短边方向的框架梁承受双向板传来的三角形分布荷载，长边方向的框架梁承受双向板传来的梯形分布荷载；

③次梁：框架梁承受次梁传来的集中荷载。

4．现浇框架结构的构造要求

1）现浇框架结构的一般构造要求

（1）材料的强度等级

对设计工作年限为 50 年的混凝土结构，结构混凝土的强度等级应符合下列规定：

素混凝土结构构件：不应低于 C20；钢筋混凝土结构构件：不应低于 C25；预应力混凝土楼板结构：不应低于 C30，其他预应力混凝土结构构件：不应低于 C40；钢－混凝土组合结构构件：不应低于 C30。

承受重复荷载作用的钢筋混凝土结构构件：不应低于 C30。

抗震等级不低于二级的钢筋混凝土结构构件：不应低于 C30。

采用 500MPa 及以上等级钢筋的钢筋混凝土结构构件：不应低于 C30。

钢筋的选用：

纵向受力普通钢筋：宜采用 HRB400、HRB500、HRBF400、HRBF500 钢筋，也可采用 HPB300、RRB400 钢筋。

梁、柱和斜撑构件的纵向受力普通钢筋宜采用 HRB400、HRB500、HRBF400、HRBF500 钢筋。

箍筋：宜采用 HRB400、HRBF400、HPB300、HRB500、HRBF500 钢筋。

预应力钢筋：宜采用预应力钢丝、钢绞线和预应力螺纹钢筋。

（2）截面形状和尺寸

①矩形截面框架梁的截面宽度不应小于 200mm；

②矩形截面框架柱的边长不应小于 300mm，圆形截面柱的直径不应小于 350mm。

（3）框架梁、柱钢筋

①纵向受力钢筋

a. 作用

一是协助混凝土承受压应力；

二是承受因弯矩作用或温度及混凝土收缩引起的拉应力。

b. 布置

正方形柱：沿截面四周均匀布置。长方形柱：沿弯矩作用方向的两对边布置。

矩形梁：通常在受拉一侧布置，协助混凝土受压时布置在受压一侧。

c. 构造要求

伸入梁支座范围内的钢筋不应少于 2 根。梁高不小于 300mm 时，钢筋直径不应小于 10mm；梁高小于 300mm 时，钢筋直径不应小于 8mm。梁上部钢筋水平方向的净间距不应小于 30mm 和 1.5d；梁下部钢筋水平方向的净间距不应小于 25mm 和 d。当下部钢筋多于 2 层时，2 层以上钢筋水平方向的中距应比下面 2 层的中距增大一倍；各层钢筋之间的净间距不应小于 25mm 和 d，d 为钢筋的最大直径。在梁的配筋密集区域宜采用并筋的配筋形式。

柱子的纵向受力钢筋直径不宜小于 12mm；全部纵向钢筋的配筋率不宜大于 5%。柱中纵向钢筋的净间距不应小于 50mm，且不宜大于 300mm。偏心受压柱的截面高度不小于 600mm 时，在柱的侧面上应设置直径不小于 10mm 的纵向构造钢筋，并相应设置复合箍筋或拉筋。 圆柱中纵向钢筋不宜少于 8 根，不应少于 6 根，且宜沿周边均匀布置。在偏心受压柱中，垂直于弯矩作用平面的侧面上的纵向受力钢筋以及轴心受压柱中各边的纵向受力钢筋，其中距不宜大于 300mm。

②箍筋

a. 作用

保证纵向钢筋的位置正确；防止纵向钢筋压屈，协助构件抵抗剪力。

b. 构造要求

箍筋形式：封闭式：箍筋末端应做成 135° 弯钩且弯钩末端平直段长度不应小于箍筋直径的 5 倍（梁的受扭所需箍筋和柱纵筋配筋率大于 3% 时的箍筋该值取 10 倍）。

箍筋直径：不应小于 $d/4$（d 为纵向钢筋的最大直径），且不应小于 6mm。

箍筋间距：柱子不应大于 400mm 及构件截面的短边尺寸，且不应大于 15d（d 为纵向受力钢筋的最小直径）。

梁的箍筋最大间距取决于梁是否需要按计算配箍和梁的高度，具体可参见 2015 年版的《混凝土结构设计规范》中的表 9.2.9。

2）现浇框架结构抗震构造措施

（1）框架结构抗震等级（表 2-2）

结构体系类型		设防烈度						
		6		7		8		9
框架结构	高度（m）	≤24	25~60	≤24	25~50	≤24	25~40	≤24
	框架	四	三	三	二	二	一	一

（2）材料要求

①混凝土强度等级

一级框架梁、柱和节点核芯区≥C30，其他各类构件≥C20。

②钢筋级别

纵筋：宜选用符合抗震性能指标要求的不低于HRB400级热轧钢筋，对按一、二、三级抗震等级设计的框架和斜撑构件（含梯段）中的纵向受力普通钢筋应采用HRB400E、HRB500E、HRBF400E或HRBF500E钢筋。

箍筋：宜选用HRB400级热轧钢筋。

抗震性能指标要求：抗震等级为一、二、三级的框架和斜撑构件（含梯段），其纵向钢筋采用普通钢筋时，钢筋的抗拉强度实测值与屈服强度实测值的比值不应小于1.25，钢筋的屈服强度实测值与屈服强度标准值的比值不应大于1.3，且钢筋在最大拉力下的总伸长率实测值不应小于9%。

钢筋代换：当需要以强度等级较高的钢筋替代原设计中的纵向受力钢筋时，应按照钢筋受拉承载力设计值相等的原则换算，并应满足最小配筋率要求。

（3）抗震构造

①框架梁抗震构造

截面尺寸：截面宽度宜≥200mm，截面高宽比宜≤4，净跨与截面高度之比宜≥4。

纵向钢筋：梁端底部、顶面配筋量比值：一级应≥0.5；二、三级应≥0.3。梁端纵向受拉钢筋的配筋率不宜大于2.5%。沿梁全长顶面、底面的配筋，一、二级不应少于$2\phi14$，且分别不应少于梁顶面、底面两端纵向配筋中较大截面面积的1/4；三、四级不应少于$2\phi12$。

因地震弯矩的不确定性（反弯点位置不确定）而设置贯通中柱的纵筋直径，对一、二、三级框架梁，不应大于该方向柱截面高度的1/20。

箍筋：a.框架梁两端须设置加密封闭式箍筋，可以约束混凝土，提高混凝土变形能力。

b.梁端加密区的箍筋肢距：一级不宜大于200mm和20倍的箍筋直径的较大值，二、三级不宜大于250mm和20倍的箍筋直径的较大值，四级不宜大于300mm。

②框架柱抗震构造

截面尺寸：a.抗震等级为四级或二层以下框架柱截面宽度和高度宜≥300mm（圆柱直径宜≥350mm）；b.一、二、三级抗震等级且超过二层框架柱截面宽度和高宽宜≥400mm（圆柱直径宜≥350mm）；c.框架柱的剪跨比宜大于2，框架柱截面的长边和短边之比不宜大于3。

纵向钢筋：柱全部纵向普通钢筋的配筋率不应小于表2-3的规定，且柱截面每一侧纵向普通钢筋配筋率不应小于0.20%；当柱的混凝土强度等级为C60以上时，应按表中规定值增加0.10%采用；当采用400MPa级纵向受力钢筋时，应按表中规定值增加0.05%采用。

柱纵向受力钢筋最小配筋率（%）　　　　　　　　表2-3

柱类型	抗震等级			
	一级	二级	三级	四级
中柱、边柱	1.0	0.8	0.7	0.6
角柱、框支柱	1.1	0.9	0.8	0.7

箍筋：在规定的范围内应加密，且加密区的箍筋间距和直径应符合下列规定：a. 箍筋加密区的箍筋最大间距和最小直径应按表2-4采用。

柱箍筋加密区的箍筋最大间距和最小直径　　　　　表2-4

抗震等级	箍筋最大间（mm）	箍筋最小直径（mm）
一级	6d和100的较小者	10
二级	8d和100的较小者	8
三级、四级	8d和150（柱根100）的较小者	8

注：表中d为柱纵向普通钢筋的直径（mm），柱根指柱底部嵌固部位的加密区范围。

b. 一级框架柱的箍筋直径大于12mm且箍筋肢距不大于150mm及二级框架柱箍筋直径不小于10mm且肢距不大于200mm时，除柱根外加密区箍筋最大间距应允许采用150mm；三级、四级框架柱的截面尺寸不大于400mm时，箍筋最小直径应允许采用6mm。

c. 剪跨比不大于2的柱，箍筋应全高加密，且箍筋间距不应大于100mm。

2.3.4　框架结构住宅的质量要求与检验

框架结构住宅的质量要求与检验主要包括钢筋的检查与验收和混凝土的检查与验收。

1. 钢筋的检查与验收

主要检查钢筋的级别、直径、数量、间距、位置和长度等是否和图纸一致，与装饰行业关系不密切，此处不再详述。

2. 混凝土的检查与验收

1) 质量检查

(1) 施工全过程的检查：原材料、搅拌、运输、浇筑、养护等。

(2) 外观检查：表面有无麻面、蜂窝、孔洞、露筋、缺棱掉角、缝隙夹层等；外形尺寸是否超过允许值。

2) 混凝土强度检查

试块的留置：用于检查结构构件混凝土强度的试件，应在混凝土的浇筑地点随机抽取。

取样与试件留置应符合下列规定：每拌制 100 盘且不超过 100m³ 的同配合比的混凝土，取样不得少于一次；每工作班拌制的同一配合比的混凝土不足 100 盘时，取样不得少于一次。

3）混凝土常见的缺陷及处理

常见缺陷有：麻面；露筋（图 2-35）；蜂窝（图 2-36）；孔洞（图 2-37）；缝隙及夹层；缺棱掉角；裂缝；强度不足。

处理方法包括：表面抹浆修补；细石混凝土填补；环氧树脂修补。

图 2-35　混凝土板出现露筋（左）
图 2-36　混凝土出现蜂窝现象（中）
图 2-37　混凝土柱出现孔洞（右）

2.4　学习项目 4　剪力墙结构住宅

2.4.1　剪力墙结构住宅的特点

剪力墙结构：是用钢筋混凝土墙板来代替框架结构中的梁柱，能承担各类荷载引起的内力，并能有效控制结构的水平力，这种用钢筋混凝土墙板来承受竖向和水平力的结构称为剪力墙结构。这种结构在高层住宅中被大量运用。

高层建筑剪力墙结构应用广泛，但是，剪力墙结构也有明显的缺点，一是剪力墙间距不能太大，平面布置不灵活，不能满足公共建筑的使用要求；二是结构自重往往较大，造成建材用量增加，地震力增大，使上部结构和基础设计困难。

剪力墙一般为现浇，其整体性好，刚度大，承受水平作用时侧移小，但是受楼板跨度限制，剪力墙间距不能太大，所以平面布置不是很灵活，不能满足大开间建筑的使用要求，受到的地震作用大。

2.4.2　剪力墙结构住宅的构造组成

剪力墙结构的住宅一般由筏板基础或箱形基础、剪力墙、梁、楼板、屋顶、楼梯和门窗组成；此处为大家重点讲述筏板和箱形基础和门窗的构造。

1. 筏板和箱形基础

1）筏板基础

当建筑物上部荷载大，而地基又较弱，这时采用简单的条形基础或井格基础已不能适应地基变形的需要，通常将墙或柱下基础连成一片，使建筑物的荷载承受在一块整板上，称为片筏基础。片筏基础有平板式（图 2-38）和梁板式（图 2-39）两种。

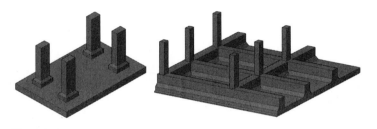

图 2-38　平板式筏板
　　　　基础（左）
图 2-39　梁板式筏板
　　　　基础（右）

2）箱形基础

当筏板基础做得很深时，常将基础改做成箱形基础。箱形基础是由钢筋混凝土底板、顶板和若干纵、横隔墙（箱形基础的内隔墙通常均为钢筋混凝土墙体）组成的整体结构，基础的中空部分可用作地下室（单层或多层的）或地下停车库。箱形基础整体空间刚度大，整体性强，能抵抗地基的不均匀沉降，较适用于高层建筑或在软弱地基上建造的重型建筑物。

2．门窗

1）门窗的开启方式

门按其开启方式通常有：平开门、弹簧门、推拉门、折叠门、转门等，如图 2-40 所示。

窗的开启方式通常有：固定窗；平开窗；上悬窗；中悬窗；下悬窗；立转窗；垂直推拉窗；水平推拉窗；百叶窗等，如图 2-41 所示。

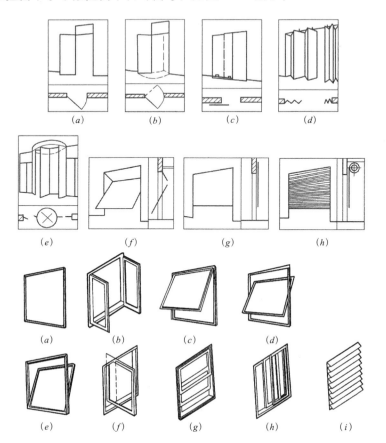

图 2-40　门的开启方式

图 2-41　窗的开启方式
(*a*) 固定窗；
(*b*) 平开窗；
(*c*) 上悬窗；
(*d*) 中悬窗；
(*e*) 下悬窗；
(*f*) 立转窗；
(*g*) 垂直推拉窗；
(*h*) 水平推拉窗；
(*i*) 百叶窗

2) 平开门的构造

门一般由门框、门扇、亮子、五金零件及其附件组成。

门扇按其构造方式不同,有镶板门、夹板门、拼板门、玻璃门和纱门等类型。亮子又称腰头窗,在门上方,为辅助采光和通风之用,有平开、固定及上、中、下悬几种。门框是门扇、亮子与墙的联系构件。五金零件一般有铰链、插销、门锁、拉手、门碰头等。附件有贴脸板、筒子板等,如图2—42所示。

(1) 门框

一般由两根竖直的边框和上框组成。当门带有亮子时,还有中横框,多扇门则还有中竖框。

①门框断面

门框的断面形式与门的类型、层数有关,应利于门的安装,并应具有一定的密闭性。如图2—43所示。

②门框安装

门框的安装根据施工方式分后塞口和先立口两种 (图2—44)。

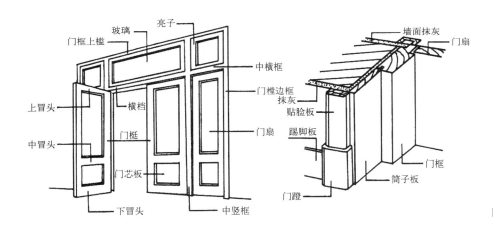

图2—42 木门的构造图

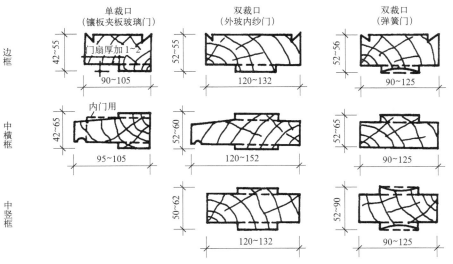

图2—43 门框的断面
形式与尺寸

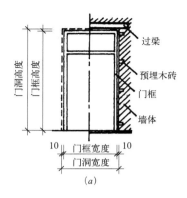
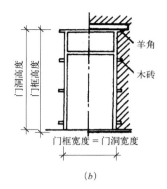

图 2-44 门框的安装
方式
(a) 塞口;
(b) 立口

③门框在墙中的位置

门框可在墙的中间或与墙的一边平。一般多与开启方向一侧平齐，尽可能使门扇开启时贴近墙面。

（2）门扇

常用的木门门扇有镶板门（包括玻璃门、纱门）、夹板门和拼板门等。

①镶板门：是广泛使用的一种门，门扇由边梃、上冒头、中冒头（可做数根）和下冒头组成骨架，内装门芯板而构成。构造简单，加工制作方便，适于一般民用建筑作内门和外门。

②夹板门：是用断面较小的方木做成骨架，两面粘贴面板而成。门扇面板可用胶合板、塑料面板和硬质纤维板，面板不再是骨架的负担，而是和骨架形成一个整体，共同抵抗变形。夹板门的形式可以是全夹板门、带玻璃或带百叶夹板门。由于夹板门构造简单，可利用小料、短料，自重轻，外形简洁，便于工业化生产，故在一般民用建筑中广泛应用。

③拼板门：拼板门的门扇由骨架和条板组成。有骨架的拼板门称为拼板门，无骨架的拼板门称为实拼门；有骨架的拼板门又分为单面直拼门、单面横拼门和双面保温拼板门三种。

3）平开窗的构造

（1）窗框安装

窗框与门框一样，在构造上应有裁口及背槽处理，裁口亦有单裁口与双裁口之分。窗框的安装与门框一样，分后塞口与先立口两种。塞口时洞口的高、宽尺寸应比窗框尺寸大 10~20mm。

（2）窗框在墙中的位置

窗框在墙中的位置，一般是与墙内表面平，安装时窗框突出砖面 20mm，以便墙面粉刷后与抹灰面平。框与抹灰面交接处，应用贴脸板搭盖，以阻止由于抹灰干缩形成缝隙后风透入室内，同时可增加美观。贴脸板的形状及尺寸与门的贴脸板相同。

当窗框立于墙中时，应内设窗台板，外设窗台。窗框外平时，靠室内一面设窗台板。

4）遮阳设施

水平遮阳、垂直遮阳、综合遮阳、挡板遮阳。

2.4.3 剪力墙结构住宅的结构概述

1. 剪力墙结构住宅的结构布置方案

1) 结构布置方案的影响因素

(1) 结构要求：剪力墙面积符合刚度要求；刚度中心与几何中心尽量符合；同时纵向与横向刚度增强。

(2) 建筑要求：利用山墙、电梯井、楼梯间周围墙体作剪力墙；剪力墙体与框架轴线复合。

2-6 剪力墙结构住宅的结构布置方案课件

2) 结构布置方案的原则

(1) 剪力墙在平面上应沿建筑物主轴方向布置：

当建筑物为矩形、T 形和 L 形平面时，剪力墙应沿两个主轴方向布置；建筑物为三角形、Y 形、十字形平面时，剪力墙应沿三个或四个主轴方向布置；建筑物为圆形平面时，剪力墙则沿径向布置成辐射状。

(2) 剪力墙片应尽量对直拉通，否则不能视为整体墙片。但当两道墙错开距离 $b < 3b_w$（b_w 为墙厚度）时；或当墙体在平面上为转折形状，其转角 $a < 15°$ 时才可近似当作整体平面剪力墙对待。

(3) 剪力墙结构的平面形状力求简单、规则对称，墙体布置力求均匀，使质量中心与刚度中心尽量接近。

(4) 剪力墙结构应尽量避免竖向刚度突变，墙体沿竖向宜贯通全高，墙厚度沿竖向宜逐渐减薄，在同结构单元内宜避免错层及局部夹层。

(5) 全剪力墙体系从剪力墙布置均衡来考虑，在民用建筑中，一般横墙短而数量多，纵墙长而数量少，因此，纵横向剪力墙的布置需适应这个特点。

(6) 剪力墙宜设于建筑物两端、楼梯间、电梯间及平面刚度有变化处，同时以能纵横向相互连在一起为有利，这样，对增大剪力墙刚度很有好处。

(7) 剪力墙的平面布置有两种方案。横墙承重方案：横墙间距即为楼板的跨度，通常剪力墙的间距为 6~8m 较为经济。纵横墙共同承重方案：楼板支承在进深大梁和横向剪力墙上，而大梁又捆置在纵墙上，形成纵横墙共同承重方案。在实际工程中以横墙承重方案居多数，有时也采用纵横墙共同承重的结构方案。

(8) 当建筑使用功能要求有底层大空间时，可以使用框支剪力墙，但一般均应有落地剪力墙协同工作。

(9) 框支剪力墙与落地剪力墙协同工作体系中，以最常见的矩形建筑平面为例，落地横向剪力墙数量占全部横向剪力墙数量之百分比率：非抗震设计时不少于 30%，抗震设计时不少于 50%。

(10) 落地剪力墙的间距 L 应满足的条件如下：

非抗震设计时：$L < 3B$，$L < 36m$（B 为楼面宽度）；

抗震设计时：$L < 2B$，$L < 24m$（底部为 1~2 层框支层时）。

(11) 上下剪力墙的刚度比 r 宜尽量接近于 1。非抗震设计时，r 不应大于 3；抗震设计时，r 不应大于 2。

(12) 框支剪力墙托梁上方的一层墙体不宜设置边门洞，且不得在中柱上

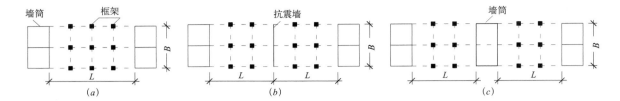

墙筒 框架 抗震墙 墙筒

(a) (b) (c)

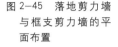

图 2—45 落地剪力墙与框支剪力墙的平面布置

方设门洞。落地剪力墙尽量少开窗洞,若必需开洞时应布置在墙体的中部。

（13）转换层楼板混凝土强度等级不宜低于 C30,并应采用双向上下层配筋。楼板开洞位置尽可能远离外侧边,大空间部分的楼板不宜开洞,与转换层相邻的楼板也应适当加强。

（14）框支梁、柱的混凝土等级均不应低于 C30。

（15）对于底层大空间,上层鱼骨式剪力墙结构,当建筑总高度不超过 50m,抗震烈度为 7~8 度时,纵横方向的落地剪力墙与框支剪力墙宜采用图 2—45 所示的平面布置方式。图 2—45（a）表示在一个结构单元（一般不宜超过 60m）中,落地剪力墙纵横向集中为筒体,布置在结构单元的两端;图 2—45 （b） 表示当结构单元较长时,可在中部加一道落地剪力墙;如结构单元再加长时,如图 2—45 （c）所示那样,在中间设一个落地筒体。

框支梁宽度不宜小于上层墙体厚度的 2 倍,且小于 400mm。框支梁高度:当进行抗震设计时不应小于跨度的 1/6;进行非抗震设计时不应小于跨度的 1/8,也可采用加腋梁。框支柱的截面宽度宜与梁宽相等,也可比梁宽度大 50mm;非抗震设计时框支柱的截面宽度不宜小于 400mm,框支柱截面高度不宜小于梁跨度的 1/15;进行抗震设计时框支柱的截面宽度不宜小于 450mm,框支柱截面高度不宜小于梁跨度的 1/12,柱净高与截面长边尺寸之比宜大于 4。

2. 剪力墙结构住宅的荷载传递路径

1） 竖向荷载传递路径

荷载—楼板—梁—剪力墙—基础—地基

2） 水平荷载传递路径

水平荷载—剪力墙—（梁—楼板—剪力墙）—基础—地基

3. 剪力墙结构住宅的构件设计

1） 剪力墙结构的受力特点

（1） 当洞口面积小于整墙截面面积的 15%,且孔洞间距及洞口至墙边距离均大于洞口长边尺寸时,可以忽略洞口的影响,这种墙体称为整截面剪力墙。如图 2—46 所示。

它的受力特点如同一个整体的悬臂墙。在墙肢的整个高度上,弯矩图既不突变,也无反弯点;变形以弯曲型为主。

（2） 整体小开口剪力墙结构:开洞面积大于 15% 但仍较小,或孔洞间净距、孔洞至墙边净距不大于孔洞长边尺寸时,为整体小开口剪力墙,这时孔洞对墙的受力变形有一定影响。如图 2—47 所示。

它的受力特点是:弯矩图在连系梁处发生突变,但在整个墙肢高度上没

2—7 剪力墙结构住宅的荷载传递路径与构件设计课件

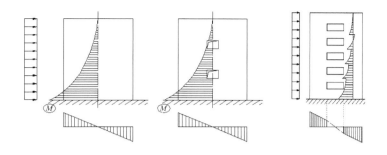

图 2—46　整截面剪力
墙内力分析（左）
图 2—47　整体小开口
剪力墙结构内力分
析（右）

有或仅仅在个别楼层中才出现反弯点。变形仍以弯曲型为主。

（3）双肢及多肢剪力墙结构：开洞较大、洞口成列布置时为双肢或多肢剪力墙。如图 2—48 所示。

它的受力特点与整体小开口墙相似。

（4）壁式框架结构：洞口尺寸大、连梁线刚度大于或接近墙肢线刚度的墙为壁式框架。如图 2—49 所示。

它的受力特点是：柱的弯矩图在楼层处有突变，而且在大多数楼层中都出现反弯点。变形以剪切型为主，与框架的受力相似。

2）剪力墙设计的基本假定

在水平荷载作用下的内力和位移计算通常采用下列两项基本假定：

（1）楼板在其自身平面内刚度无限大。而在其平面外，由于刚度很小，可忽略不计。各片剪力墙在自身平面内的刚度很大，而平面外的刚度很小，可忽略不计。采用这项假定，剪力墙结构在水平外荷载作用下，各墙片只承受在其自身平面内的水平（剪）力，而承受垂直于自身平面方向上的水平（剪）力是很小的，可忽略不计。

（2）把不同方向的剪力墙结构分开，作为平面结构来处理，即将空间结构沿两个正交主轴划分为若干个平面剪力墙，每个方向的水平荷载仅由该方向的剪力墙承受，而垂直于该方向的各片剪力墙不参加工作。

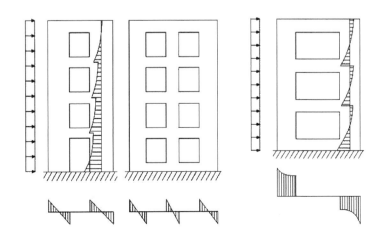

图 2—48　双肢及多肢
剪力墙结构内力分
析（左）
图 2—49　壁式框架结
构内力分析（右）

3）确定剪力墙墙肢的截面厚度

剪力墙厚度：一般根据结构的刚度和承载力要求确定，对于有抗震设防要求的剪力墙，底部加强区的厚度宜适当增大。剪力墙最小厚度：需要保证墙体本身的稳定和施工方便。在工程设计时，主要是根据经验来确定剪力墙的厚度，也可采用下列公式来估算剪力墙的厚度。

剪力墙墙肢的截面厚度应符合下列规定：

（1）应符合墙体稳定的验算要求。

（2）一、二级剪力墙：底部加强部位不应小于200mm，其他部位不应小于160mm；一字形独立剪力墙底部加强部位不应小于220mm，其他部位尚不应小于180mm。（底部加强部位：可取底部两层和墙体总高度的1/10二者的较大值）

（3）三、四级剪力墙：不应小于160mm，一字形独立剪力墙底部加强部位不应小于180mm。

（4）非抗震设计时不应小于160mm。

（5）剪力墙分隔井筒中，分隔电梯井或管道井的墙肢截面厚度可适当减小，但不宜小于160mm。

（6）短肢剪力墙厚度：底部加强部位不应小于200mm，其他部位不应小于180mm。

4）剪力墙结构的混凝土强度等级

剪力墙结构的混凝土强度等级不宜超过C60；作为上部结构嵌固部位的地下室楼盖的混凝土强度等级不宜低于C30；现浇非预应力混凝土楼盖结构的混凝土强度等级不宜高于C40。

5）轴压比限值

墙肢轴压比：是指重力荷载代表值作用下墙肢承受的轴压力设计值与墙肢的全截面面积和混凝土轴心抗压强度设计值乘积之比值。

（1）重力荷载代表值作用下，一、二、三级剪力墙墙肢的轴压比不宜超过0.4（一级，9度）、0.5（一级，6、7、8度）、0.6（二、三级）。

（2）一、二、三级短肢剪力墙的轴压比分别不宜大于0.45、0.50、0.55。一字形截面短肢剪力墙的轴压比限值应相应减少0.1。

6）约束边缘构件和构造边缘构件

（1）布置：剪力墙两端和洞口两侧应设置边缘构件。

（2）分类：约束边缘构件与构造边缘构件。

（3）约束边缘构件的布置：

一、二、三级剪力墙底层墙肢底截面的轴压比大于0.1（一级，9度）、0.2（一级，6、7、8度）、0.3（二、三级）时，应在底部加强部位及其上一层设置约束边缘构件。

（4）构造边缘构件的布置：

一、二、三级剪力墙底层墙肢底截面的轴压比小于0.1（一级，9度）、0.2（一级，6、7、8度）、0.3（二、三级）时，其墙肢端部应设置构造边缘构件。

（5）约束边缘构件设计的主要措施是加大边缘构件的长度及其体积配箍率，体积配箍率由配箍特征值计算。

7）连梁的钢筋构造（图 2-50）

锚固：连梁顶面、底面纵向受力钢筋伸入墙肢的锚固长度，抗震设计时不应小于 l_{aE}；非抗震设计时不应小于 l_a，且均不应小于 600mm。

箍筋（楼层）：抗震设计时，沿连梁全长箍筋的构造应符合框架梁抗震设计时梁端箍筋加密区的箍筋的构造要求；非抗震设计时，沿连梁全长的箍筋直径不应小于 6mm，间距不应大于 150mm。

箍筋（顶层）：顶层连梁纵向水平钢筋伸入墙肢的长度范围内应配置箍筋，箍筋间距不宜大于 150mm，直径应与该连梁的箍筋直径相同。

腰筋：连梁高度范围内的墙肢水平分布钢筋应在连梁内拉通作为连梁的腰筋，连梁截面高度大于 700mm 时，其两侧面腰筋的直径不应小于 8mm，间距不应大于 200mm；跨高比不大于 2.5 的连梁，其两侧腰筋的总面积配筋率不应小于 0.3%。

连梁的斜向交叉构造钢筋的设置：对于一、二级抗震等级的连梁，当跨高比不大于 2.5 时，除普通箍筋外宜另配置斜向交叉构造钢筋会交叉斜撑。当连梁截面宽度不小于 250mm 时，可采用交叉斜筋配筋；连梁沿上、下边缘单侧纵向钢筋的最小配筋率：不应小于 0.15%，且配筋不宜小于 2ϕ12；交叉斜筋配筋连梁单向对角斜筋不宜少于 2ϕ12。

锚固：连梁纵向受力钢筋、交叉斜筋伸入墙内的锚固长度，不应小于 l_{aE}；且不应小于 600mm。顶层连梁纵向水平钢筋伸入墙内的长度范围内，应配置间距不大于 150mm 的构造箍筋，箍筋直径应与该连梁的箍筋直径相同。

构造钢筋：剪力墙的水平分布钢筋可作为连梁的纵向构造钢筋在连梁范围内贯通，当连梁腹板高度不小于 450mm 时，其两侧面沿梁高范围设置的纵向构造钢筋的直径不应小于 10mm，间距不应大于 200mm；对跨高比不大于 2.5 的连梁，连梁两侧的纵向钢筋的面积配筋率尚不应小于 0.3%。

图 2-50 所示为交叉斜撑构造：斜撑内至少有 4 根纵向钢筋，钢筋直径不应小于 14mm。用箍筋时，两端设置箍筋加密区，其长度不小于 600mm 及梁截面厚度的 2 倍，箍筋间距不大于 100mm；非加密区箍筋间距不大于 200mm 及梁截面宽度的一半。

8）剪力墙墙面和连梁开洞时的构造要求

当开洞较小，在整体计算中不考虑其影响时，除了将切断的分布钢筋集中在洞口边缘补足外，还要有所加强，以抵抗洞口处的应力集中。连梁是剪力墙的薄弱部位，应对连梁中开洞后的截面抗剪承载力进行计算并构造加强措施。

剪力墙墙面开洞洞口长度小于 800mm 以及连梁开洞时，应采取如下措施（图 2-51）：

（1）当剪力墙墙面开有非连续小洞口（其各边长度小于 800mm），且在整体计算中不考虑其影响时，应将洞口处被截断的分布筋分别集中配置在洞口上

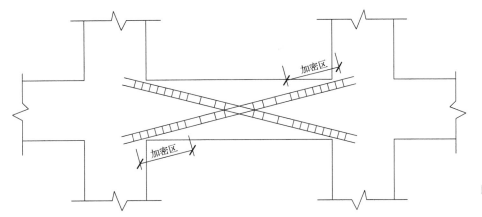

图 2-50　连梁钢筋构
造图

下和左右两边（图 2-51（a）），且钢筋直径不应小于 12mm。

（2）穿过连梁的管道宜预埋套管，洞口上下的有效高度不宜小于梁高的1/3，且不宜小于 200mm，洞口处宜配置补强钢筋，被洞口削弱的截面应进行承载力验算（图 2-51（b））。

（3）连梁中开有方洞时，洞口的高度不应大于连梁高度的1/3，洞口宽度不大于梁高。连梁被洞口分隔的上梁和下梁的内力根据相关公式算出，然后按两根小梁分别核算受剪承载力以配置箍筋，核算偏心受压承载力以配置纵向钢筋。

2.4.4　剪力墙结构住宅的质量要求与检验

由于剪力墙结构也是钢筋混凝土结构，因此它的质量要求和检验与框架结构住宅的相似，此处不再赘述。

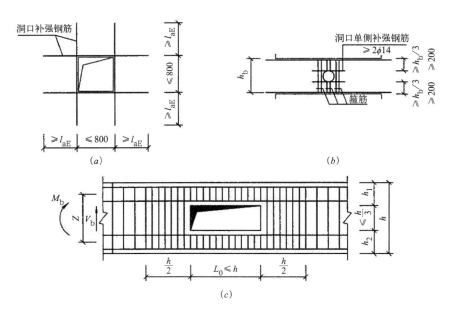

图 2-51　洞口补强配
筋示意

3

模块 3　公共建筑工程概论

3.1 学习项目1 公共建筑的功能分析

1. 公共建筑的房间功能分析

公共建筑包括：门厅、走廊、楼电梯间、设备间、卫生间、办公空间、会议空间、观演空间以及其他房间。建筑功能分析就是将建筑平面中的使用部分、交通联系部分有机地联系起来，使之成为一个使用方便、结构合理、体形简洁、构图完整、造价经济及与环境协调的建筑物。

3-1 公共建筑的功能分析课件

功能设计的优劣主要体现在合理的功能分区及明确的流线组织两个方面。当然，采光、通风、朝向等要求也应予以充分的重视。

1）功能分区合理

合理的功能分区是将建筑物若干部分按不同的功能要求进行分类，并根据它们之间的密切程度加以划分，使之分区明确，又联系方便。在分析功能关系时，常借助于功能分析图来形象地表示各类建筑的功能关系及联系顺序。图3-1所示是一个教学楼的功能分析图。

图3-1 教学楼功能分析图

具体分析时，可根据建筑物不同的功能特征，从以下三个方面进行分析。

（1）主次关系

组成建筑物的各房间，按使用性质及重要性，必然存在着主次之分。在平面组合时应分清主次、合理安排。平面组合中，一般是将主要使用房间布置在朝向较好的位置，靠近主要出入口，并有良好的采光通风条件，次要房间可布置在条件较差的位置。

（2）内外关系

各类建筑的组成房间中，有的对外联系密切，直接为公众服务，有的对内关系密切，供内部使用。一般是将对外联系密切的房间布置在交通枢纽附近，位置明显便于直接对外，而将对内性强的房间布置在较隐蔽的位置。对于饮食建筑，餐厅是对外的，人流量大，应布置在交通方便、位置明显处，而对内性强的厨房等部分则布置在后部，次要入口面向内院较隐蔽的地方。

（3）联系与分隔

在分析功能关系时，常根据房间的使用性质如"闹"与"静"、"清"与"污"等方面进行功能分区，使其既分隔而互不干扰，且又有适当的联系。如教学楼中的多功能厅、普通教室和音乐教室，它们之间联系密切，但为防止声音干扰，必须适当隔开。教室与办公室之间要求方便联系，但为了避免学生影响教师的工作，需适当隔开。

2）流线组织明确

流线分为人流及货流两类。所谓流线组织明确，即是要使各种流线简捷、通畅，不迂回逆行，尽量避免相互交叉。

2. 公共建筑的常见结构形式

目前，民用建筑常用的结构类型有：混合结构、框架结构、剪力墙结构、框剪结构、空间结构。

1）混合结构

多为砖混结构。这种结构形式的优点是构造简单、造价较低，其缺点是房间尺寸受钢筋混凝土梁板经济跨度的限制，室内空间小，开窗也受到限制，仅适用于房间开间和进深尺寸较小、层数不多的中小型民用建筑，如中小学校、医院及办公楼等。

2）框架结构

框架结构的主要特点是：这种结构形式强度高，整体性好，刚度大，抗震性好，平面布局灵活性大，开窗较自由，但钢材、水泥用量大，造价较高。适用于开间、进深较大的商店、教学楼、图书馆之类的公共建筑以及旅馆等。

3）剪力墙结构

剪力墙结构的主要特点是：这种结构形式强度高，整体性好，刚度大，抗震性好，其缺点是房间尺寸受钢筋混凝土梁板经济跨度的限制，室内空间小，开窗也受到限制，适用于房间开间和进深尺寸较小、层数较多的中小型民用建筑。

4）框剪结构

框剪结构的主要特点是：结合了框架结构和剪力墙结构的优点。

5）空间结构

这类结构用材经济，受力合理，并为解决大跨度的公共建筑提供了有利条件。如薄壳、悬索、网架等。

3-2 公共建筑的建筑设计要求与特点课件

3. 公共建筑的设备分析

民用建筑中的设备管线主要包括给水排水、空气调节、消防系统以及电气照明等所需的设备管线，它们都占有一定的空间。在满足使用要求的同时，应尽量将设备管线集中布置、上下对齐，方便使用，有利施工和节约管线。图 3-2 所示是一旅馆卫生间管线集中布置图。

4. 公共建筑的建筑设计要求与特点

1）公共建筑设计的要求

适用、经济、美观三者的相互约制、相互协调和相互联系的辩证关系，要视建筑性质、建筑环境、地方特色、审美要求及投资标准而定，绝不能过分

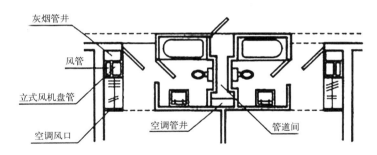

图 3-2 旅馆卫生间设备管线布置

地强调某一方面，使三者关系失调，导致不良的后果，因而也是不可取的。因此，在功能关系合理，且在工程技术、物质条件和投资标准的具体情况下，创造出高超的艺术形式，同样是公共建筑创作中极为重要的问题。

2）公共建筑设计的主要内容

（1）公共建筑的总体环境布局

①基地的大小、形状和道路布置

基地的大小和形状直接影响到建筑平面布局、外轮廓形状和尺寸。基地内的道路布置及人流方向是确定出入口和门厅平面位置的主要因素。因此，在平面组合设计中，应密切结合基地的大小、形状和道路布置等外在条件，使建筑平面布置的形式、外轮廓形状和尺寸以及出入口的位置等符合城市总体规划的要求。

实例：图3-3所示为某大学附中教学楼的总平面图。该教学楼位于学校的主轴线上，建筑布局较好地控制了校园空间的划分与联系。

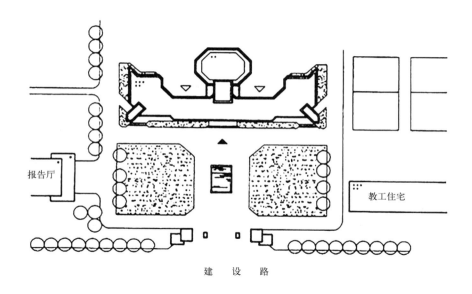

建 设 路

图3-3 某大学附中教学楼的总平面图

②基地的地形条件

基地地形若为坡地时，则应将建筑平面组合与地面高差结合起来，以减少土方量，而且可以造成富于变化的内部空间和外部形式。

坡地建筑的布置方式有以下几种：

a. 地面坡度在25%以上时，建筑物适宜平行于等高线布置。

b. 地面坡度在25%以下时，建筑物应结合朝向要求布置。

③建筑物的朝向和间距

a. 朝向

（a）日照：我国大部分地区处于夏季热、冬季冷的状况。为保证室内冬暖夏凉的效果，建筑物的朝向应为南向，南偏东或偏西少许角度（15°）。在严寒地区，由于冬季时间长、夏季不太热，应争取日照，建筑朝向以东、南、西为宜。

(b) 风：根据当地的气候特点及夏季或冬季的主导风向，适当调整建筑物的朝向，使夏季可获得良好的自然通风条件，而冬季又可避免寒风的侵袭。

(c) 基地环境：对于人流集中的公共建筑，房屋朝向，主要考虑人流走向，道路位置和邻近建筑的关系，对于风景区建筑，则应以创造优美的景观作为考虑朝向的主要因素。

b. 间距

建筑物之间的距离，主要应根据日照、通风等卫生条件与建筑防火安全要求来确定。除此以外，还应综合考虑防止声音和视线干扰、绿化、道路及室外工程所需要的间距以及地形利用、建筑空间处理等问题。如图 3-4 所示。

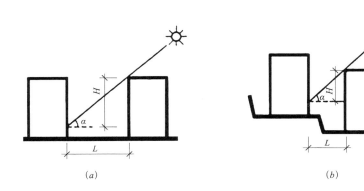

(a)　　　　　　　　　　　　　　　　(b)

图 3-4　建筑物的日照
　　　　间距
(a) 平地；
(b) 向阳坡

日照间距的计算公式为：$L = \dfrac{H}{\tan\alpha}$

式中　L——房屋水平间距（m）；

　　　H——南向前排房屋檐口至后排房屋底层窗台的垂直高度（m）；

　　　α——当房屋正南向时冬至日正午的太阳高度角（°）。

我国大部分地区日照间距约为（1.0~1.7）H。愈往南日照间距愈小，愈往北则日照间距愈大，这是因为太阳高度角在南方要大于北方的原因。

对于大多数的民用建筑，日照是确定房屋间距的主要依据，因为在一般情况下，只要满足了日照间距，其他要求也就能满足。但有的建筑由于所处的周围环境不同，以及使用功能要求不同，房屋间距也不同，如教学楼为了保证教室的采光和防止声音、视线的干扰，间距要求应大于或等于 2.5H，而最小间距不小于 12m。又如医院建筑，考虑卫生要求，间距应大于 2.0H，对于 1~2 层病房，间距不小于 25m；3~4 层病房，间距不小于 30m；对于传染病房与非传染病房的间距，应不小于 40m。为节省用地，实际设计采用的建筑物间距可能会略小于理论计算的日照间距。

(2) 公共建筑的功能关系与空间组合

空间组合就是根据使用功能特点及交通路线的组织，将不同房间组合起来。常见组合形式如下。

①走道式组合

走道式组合的特点是使用房间与交通联系部分明确分开，各房间沿走道一侧或两侧并列布置，房间门直接开向走道，通过走道相互联系；各房间基本上不被交通穿越，能较好地保持相对独立性；各房间有直接的天然采光和通风，结构简单，施工方便等。这种形式广泛应用于一般民用建筑，特别适用于相同房间数量较多的建筑，如学校、宿舍、医院、旅馆等。

根据房间与走道布置关系不同，走道式又可分为内走道与外走道两种。

外走道可保证主要房间有好的朝向和良好的采光通风条件，但这种布局造成走道过长，交通面积大。个别建筑由于特殊要求，也采用双侧外走道形式。

内走道各房间沿走道两侧布置，平面紧凑，外墙长度较短，对寒冷地区建筑热工有利。但这种布局难免出现一部分使用房间朝向较差，且走道采光通风较差，房间之间相互干扰较大。

②套间式组合

套间式组合的特点是用穿套的方式按一定的序列组织空间。房间与房间之间相互穿套，不再通过走道联系。其平面布置紧凑，面积利用率高，房间之间联系方便，但各房间使用不灵活，相互干扰大。适用于住宅、展览馆等。

③大厅式组合

大厅式组合是以公共活动的大厅为主穿插布置辅助房间。这种组合的特点是主体房间使用人数多、面积大、层高大，辅助房间与大厅相比，尺寸大小悬殊，常布置在大厅周围并与主体房间保持一定的联系。适用于影剧院、体育馆等。

④单元式组合

单元式组合是将关系密切的房间组合在一起成为一个相对独立的整体，称为单元。将一种或多种单元按地形和环境情况在水平或垂直方向重复组合起来成为一幢建筑，这种组合方式称为单元式组合。

单元式组合的优点是：a. 能提高建筑标准化，节省设计工作量，简化施工；b. 功能分区明确，平面布置紧凑，单元与单元之间相对独立，互不干扰；c. 布局灵活，能适应不同的地形，满足朝向要求，形成多种不同组合形式，因此，广泛用于大量性民用建筑，如住宅、学校、医院等。

⑤庭院式

建筑物围合成院落。用于学校、医院、图书室、旅馆等。

（3）公共建筑的造型问题

建筑造型也影响到平面组合。当然，造型本身是离不开功能要求的，它一般是内部空间的直接反映。但是，简洁、完美的造型要求以及不同建筑的外部性格特征又会反过来影响到平面布局及平面形状。

3）公共建筑设计的特点

确立正确的创作思想和方法，恰当地处理好功能、技术、经济和艺术等方面之间的关系，这是做好公共建筑设计的基础。同时，还需要考虑地区特点、自然条件、环境特色、民族传统、审美观点、规划要求等不同因素的影响。因此，公共建筑设计的过程，是综合考虑各种因素，全面而又统一地解决矛盾的结果。

3.2 学习项目2 多层结构公共建筑

目前，公共建筑中的办公楼、教学楼、医院门诊和超市等还大多是多层建筑，尤其是已建成的公共建筑中，多层建筑占了绝大多数。本节将重点讨论多层结构公共建筑的相关内容。

3.2.1 多层结构公共建筑的特点

多层公共建筑相对于多层住宅建筑而言，建筑空间大，一般多选择框架结构。考虑到使用人群较为密集，因此，建筑内的交通空间设计和消防设计显得尤为重要。民用建筑应根据其建筑高度、规模、使用功能和耐火等级等因素合理设置安全疏散和避难设施。安全出口和疏散门的位置、数量、宽度及疏散楼梯间的形式，应满足人员安全疏散的要求。

交通联系部分包括水平交通空间（走道）、垂直交通空间（楼梯、电梯、自动扶梯、坡道）、交通枢纽空间（门厅、过厅）等。

1. 走道

1）走道的类型

走道又称为过道、走廊。有内廊和外廊。

按走道的使用性质不同，可以分为以下三种情况：

（1）完全为交通需要而设置的走道。

（2）主要作为交通联系同时也兼有其他功能的走道。

（3）多种功能综合使用的走道，如展览馆的走道应满足边走边看的要求。

2）走道的宽度和长度

走道的宽度和长度主要根据人流和家具通行、安全疏散、防火规范、走道性质、空间感受来综合考虑。为了满足人的行走和紧急情况下的疏散要求，我国《建筑设计防火规范（2018年版）》GB 50016—2014规定除剧场、电影院、礼堂、体育馆（均为大空间公共建筑，不在本节讨论的范围）外的其他公共建筑，其疏散门、安全出口、疏散走道和疏散楼梯的各自总净宽度，应符合下列要求：

（1）每层的房间疏散门、安全出口、疏散走道和疏散楼梯的各自总净宽度，应根据疏散人数按每100人的最小疏散净宽度不应小于表3-1的规定计算确定。当每层疏散人数不等时，疏散楼梯的总净宽度可分层计算，地上建筑内下层楼梯的总净宽度应按该层及以上疏散人数最多一层的人数计算；地下建筑内上层楼梯的总净宽度应按该层及以下疏散人数最多一层的人数计算；

每层房间疏散门、安全出口、疏散走道和疏散楼梯
的每100人最小疏散净宽度（m/百人） 表3-1

建筑层数		建筑的耐火等级		
		一、二级	三级	四级
地上楼层	1~2层	0.65	0.75	1.00
	3层	0.75	1.00	—
	≥4层	1.00	1.25	—

建筑层数		建筑的耐火等级		
		一、二级	三级	四级
地下楼层	与地面出入口地面的高差 $\Delta H \leqslant 10m$	0.75	—	—
	与地面出入口地面的高差 $\Delta H > 10m$	1.00	—	—

(2) 地下或半地下人员密集的厅、室和歌舞娱乐放映游艺场所,其房间疏散门、安全出口、疏散走道和疏散楼梯的各自总净宽度,应根据疏散人数按每 100 人不小于 1.00m 计算确定;

(3) 首层外门的总净宽度应按该建筑疏散人数最多一层的人数计算确定,不供其他楼层人员疏散的外门,可按本层的疏散人数计算确定;

(4) 歌舞娱乐放映游艺场所中录像厅、放映厅的疏散人数,应根据厅、室的建筑面积按 1.0 人 /m² 计算;其他歌舞娱乐放映游艺场所的疏散人数,应根据厅、室的建筑面积按 0.5 人 /m² 计算;

(5) 有固定座位的场所,其疏散人数可按实际座位数的 1.1 倍计算;

(6) 展览厅的疏散人数应根据展览厅的建筑面积和人员密度计算,展览厅内的人员密度宜按 0.75 人 /m² 确定;

(7) 商店的疏散人数应按每层营业厅的建筑面积乘以表 3-2 规定的人员密度计算。对于建材商店、家具和灯饰展示建筑,其人员密度可按表 3-2 规定值的 30% 确定。

商店营业厅内的人员密度 (人 /m²)　　　　　　　表3-2

楼层位置	地下第二层	地下第一层	地上第一、二层	地上第三层	地上第四层及以上各层
人员密度	0.56	0.60	0.43~0.60	0.39~0.54	0.30~0.42

走道被走道上的楼梯间安全出口分成两个安全出口之间的走道和袋形走道,房间的疏散门至最近安全出口的直线距离(间接反映了走道的长度)应根据建筑性质和耐火等级来确定。按照《建筑设计防火规范 (2018 年版)》GB 50016—2014 的要求,直通疏散走道的房间疏散门至最近安全出口的直线距离不应大于表 3-3 的规定。

直通疏散走道的房间疏散门至最近安全出口的直线距离 (m)　　　表3-3

名称	位于两个外部出口之间的疏散门			位于袋形走道两侧或尽端的疏散门		
	一、二级	三级	四级	一、二级	三级	四级
托儿所、幼儿园、老年人建筑	25	20	15	20	15	10
歌舞娱乐放映游艺场所	25	20	15	9	—	—

名称	位于两个外部出口之间的疏散门			位于袋形走道两侧或尽端的疏散门		
	一、二级	三级	四级	一、二级	三级	四级
单、多层医疗建筑	35	30	25	20	15	10
单、多层教学建筑	35	30	25	22	20	10
其他单、多层建筑	40	35	25	22	20	15

注：1.建筑内开向敞开式外廊的房间疏散门至最近安全出口的直线距离可按本表增加5m；

2.直通疏散走道的房间疏散门至最近敞开楼梯间的直线距离，当房间位于两个楼梯之间时，应按本表的规定减少5m；当房间位于袋形走道两侧或尽端时，应按本表的规定减少2m；

3.建筑物内全部设置自动喷水灭火系统时，其安全疏散距离可按本表及注1的规定增加25%。

3）走道的采光和通风

走道的采光和通风主要依靠天然采光和自然通风。内走道一般是通过直接和间接采光，如走道尽端开窗，利用楼梯间、门厅或走道两侧房间设高窗来解决。

2.楼梯

1）楼梯的布置和形式

建筑的楼梯间宜通至屋面，通向屋面的门或窗应向外开启。楼梯间应能天然采光和自然通风，并宜靠外墙设置。靠外墙设置时，楼梯间、前室及合用前室外墙上的窗口与两侧门、窗、洞口最近边缘的水平距离不应小于1.0m。楼梯间应在首层直通室外，确有困难时，可在首层采用扩大的封闭楼梯间或防烟楼梯间前室。当层数不超过4层且未采用扩大的封闭楼梯间或防烟楼梯间前室时，可将直通室外的门设置在离楼梯间不大于15m处。

楼梯的形式主要有单跑梯、双跑梯（平行双跑、直双跑、L型、双分式、双合式、剪刀式）、三跑梯、弧形梯、螺旋楼梯等形式。其中弧形楼梯和螺旋楼梯不得被计入安全疏散楼梯。

2）楼梯的宽度和数量

楼梯的宽度和数量主要根据建筑使用性质、使用人数和耐火等级来确定。一般供单人通行的楼梯宽度应不小于850mm，双人通行为1100~1200mm。一般民用建筑楼梯的最小净宽应满足两股人流疏散要求，公共建筑疏散楼梯的净宽度应满足表3-1的要求，且不应小于1.10m。

楼梯的数量应根据使用人数及防火分区要求来确定，必须满足关于走道内房间门至楼梯间的最大距离的限制（表3-3）。在通常情况下，公共建筑内每个防火分区或一个防火分区的每个楼层，其安全楼梯的数量应经计算确定，且不应少于两个。符合下列条件之一的公共建筑，可设置一个安全出口或一部疏散楼梯：①除托儿所、幼儿园外，建筑面积不大于200m² 且人数不超过50人的单层公共建筑或多层公共建筑的首层；②除医疗建筑，老年人建筑，托儿所、幼儿园的儿童用房，儿童游乐厅等儿童活动场所和歌舞娱乐放映游艺场所等外，符合表3-4规定的公共建筑。

耐火等级	最多层数	每层最大建筑面积（m²）	人　　数
一、二级	3层	200	第二、三层人数之和不超过50人
三级	3层	200	第二、三层人数之和不超过25人
四级	2层	200	第二层人数不超过15人

3．门厅

门厅作为交通枢纽，其主要作用是接纳、分配人流，室内外空间过渡及各方面交通（过道、楼梯等）的衔接。同时，根据建筑物使用性质的不同，门厅还兼有其他功能，如医院门厅常设挂号、收费、取药的房间，旅馆门厅兼有休息、会客、接待、登记、小卖部等功能。除此以外，门厅作为建筑物的主要出入口，其不同空间处理可体现出不同的意境和形象。因此，民用建筑中门厅是建筑设计重点处理的部分。

1）门厅的面积

门厅的面积应根据各类建筑的使用性质、规模及质量标准等因素来确定，设计时可参考有关面积定额指标。表3-5为部分民用建筑门厅面积参考指标。

部分民用建筑门厅面积参考指标　　　　　　　　　　表3-5

建筑名称	面积定额	备注
中小学校	0.06~0.08m²/生	—
食堂	0.08~0.18m²/座	包括洗手、小卖
城市综合医院	11m²/日百人次	包括衣帽和询问
旅馆	0.2~0.5m²/床	—
电影院	0.13m²/观众	—

2）门厅的布局

门厅的布局可分为对称式与非对称式两种。

门厅设计应注意：

（1）门厅应处于总平面中明显而突出的位置；

（2）门厅内部设计要有明确的导向性，同时交通流线组织简明醒目，减少相互干扰；

（3）重视门厅内的空间组合和建筑造型要求；

（4）门厅对外出口的宽度按防火规范的要求，不得小于通向该门厅的走道、楼梯宽度的总和。

3.2.2　多层结构公共建筑的构造组成

多层公共建筑的构造组成与前面住宅中砖混结构和框架架构的构造组成几乎是一样的，只是由于公共建筑比住宅的体量大，在建筑中经常会出现变形缝；此外，楼梯也是多层公共建筑中不可忽视的构造。因此，此处将重点讲授变形缝和楼梯的构造。

1. 变形缝

为了防止房屋破坏将建筑物垂直分开的预留缝称为变形缝。变形缝有三种，分别为：伸缩缝，主要应对昼夜温差引起的变形；沉降缝，主要应对建筑物不均匀沉降引起的变形；防震缝，主要防止地震引起的建筑物相互碰撞破坏。

1）伸缩缝

（1）作用

为防止建筑物因热胀冷缩变形较大而产生开裂。

（2）设置原则

伸缩缝的宽度为 20~40mm。

伸缩缝的垂直位置是要求把建筑物的墙体、楼板层、屋顶等基础顶面以上的构件全部断开，基础部分因温度变化影响较小，则不需要断开。

伸缩缝的间距与建筑物的长度、结构类型和屋盖刚度以及屋面有否设保温或隔热层有关。

（3）伸缩缝的盖缝构造

①墙体伸缩缝的构造（图 3-5）

外墙伸缩缝内应填充沥青麻丝或玻璃棉毡、泡沫塑料条、橡胶条等有弹性的防水保温材料。当缝较宽时，缝口可用镀锌薄钢板、彩色薄钢板、铝皮等金属调节片作盖缝处理。如图 3-6 所示。

内墙可用具有一定装饰效果的金属片、塑料片或木盖缝条覆盖，如图 3-7所示。所有填缝及盖缝材料和构造，应保证结构在水平方向自由伸缩或不产生破裂。

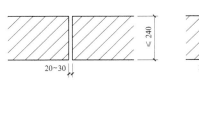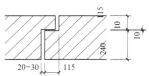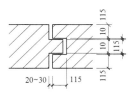

图 3-5 墙体伸缩缝构造图

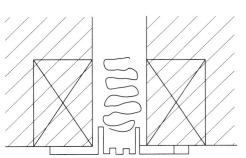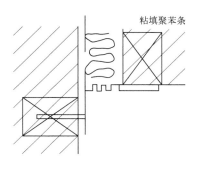

粘填聚苯条

图 3-6 外墙伸缩缝盖缝构造图

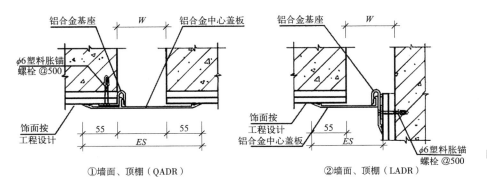

铝合金基座　　W　　铝合金中心盖板　　铝合金基座　　W

φ6塑料胀锚
螺栓 @500

饰面按
工程设计

55　　55
ES

①墙面、顶棚（QADR）

饰面按
工程设计
铝合金中心盖板

55
ES

φ6塑料胀锚
螺栓 @500

②墙面、顶棚（LADR）

图 3-7　内墙伸缩缝盖
　　　缝构造图

②楼板层伸缩缝的构造

楼板伸缩缝的位置和尺寸，应与墙体、屋面变形缝一致。

缝内常用可压缩变形的材料如油膏、沥青麻丝、橡胶等作封缝处理，面层用金属板、塑料板等盖缝，楼板层的顶棚用木质或塑料盖缝条。如图 3-8 所示。

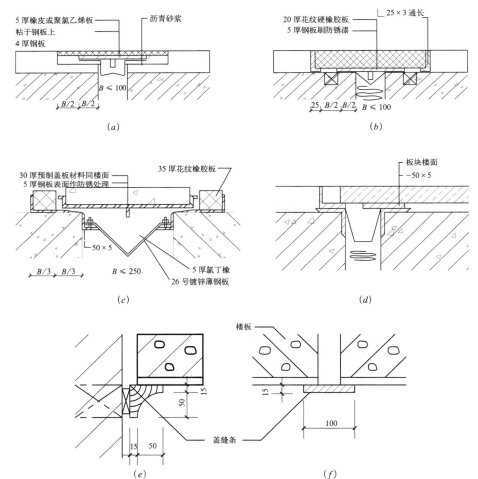

5 厚橡皮或聚氯乙烯板
粘于钢板上
4 厚钢板
沥青砂浆

$B \leqslant 100$
$B/2$　$B/2$

(a)

20 厚花纹硬橡胶板
25×3 通长
5 厚钢板刷防锈漆

25　$B/2$　$B/2$　$B \leqslant 100$

(b)

30 厚预制盖板材料同楼面
5 厚钢板表面作防锈处理
35 厚花纹橡胶板

-50×5
$B/3$　$B/3$　$B \leqslant 250$
5 厚氯丁橡
26 号镀锌薄钢板

(c)

板块楼面
-50×5

(d)

楼板

15
50
15
50
盖缝条

(e)

楼板

15
100

(f)

图 3-8　楼板、顶棚处
　　　伸缩缝的盖缝构造
(a) 粘贴盖缝面板的做法；
(b) 搁置盖缝面板的做法；
(c) 采用与楼板面层同样
材料盖缝的做法；
(d) 单边挑出盖缝板的
做法；
(e) (f) 盖缝条

③屋顶伸缩缝的构造

伸缩缝两侧屋面的标高有两种情况：标高相同（图3-9）和标高不同（图3-10）。上人屋面：可在伸缩缝处加砌矮墙，并做好屋面防水和泛水处理；不上人屋面：用嵌缝油膏嵌缝，并做好泛水处理。

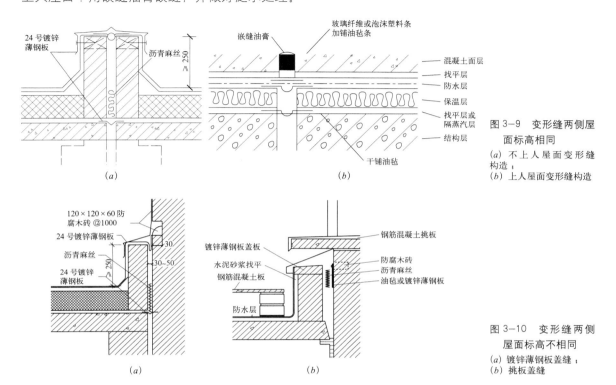

图3-9　变形缝两侧屋面标高相同
(a) 不上人屋面变形缝构造；
(b) 上人屋面变形缝构造

图3-10　变形缝两侧屋面标高不相同
(a) 镀锌薄钢板盖缝；
(b) 挑板盖缝

2）沉降缝

（1）沉降缝的作用

为防止建筑物各部分由于地基不均匀沉降而引起建筑物破坏。

（2）沉降缝的设置原则

沉降缝将建筑物从基础到屋顶全部构件断开。沉降缝的宽度与地基情况及建筑高度有关，地基越弱的建筑物沉陷的可能性越大，沉陷后产生的倾斜距离越大。

①建筑物的相邻部分高差较大（例如相差两层及两层以上）；

②建筑物的相邻部分结构类型不同；

③建筑物相邻的部分荷载差异较大；

④建筑物平面复杂、高度变化较大、连接部位又比较薄弱；

⑤建筑物相邻部分的基础形式不同、宽度及埋深相差较大；

⑥建筑物相邻部分建造在不同的地基上；

⑦新建筑物与原有建筑相连时。

（3）沉降缝的盖缝构造

沉降缝一般兼起伸缩缝的作用，其构造一般与伸缩缝基本相同，但基础必须设置沉降缝，以保证缝两侧能自由沉降。常见的沉降缝处基础的处理方案有双墙式、交叉式和悬挑式三种。

3）防震缝

（1）防震缝的作用

防止建筑物各部分在地震时相互撞击引起破坏。

（2）防震缝的设置原则

一般情况下，防震缝仅在基础以上设置，缝的两侧应布置双墙或双柱或一柱一墙，使各部分封闭并具有较好的刚度。但防震缝应同伸缩缝和沉降缝协调布置，做到一缝多用。当防震缝与沉降缝结合设置时，基础也应断开。

①在多层砖混结构中有下列情况之一时应设防震缝，缝两侧均应设置墙体，防震缝的宽度应根据烈度和建筑物的高度确定，一般取 70~100mm：

a. 建筑立面高差在 6m 以上；

b. 建筑有错层，且错层楼板高差大于层高的 1/4；

c. 建筑物相邻部分结构刚度和质量截然不同。

②在钢筋混凝土建筑中需要设置防震缝时，防震缝宽度应分别符合下列要求：

a. 框架结构（包括设置少量抗震墙的框架结构）房屋的防震缝宽度，当高度不超过 15m 时不应小于 100mm；高度超过 15m 时，6 度、7 度、8 度和 9 度分别每增加高度 5m、4m、3m 和 2m，宜加宽 20mm；

b. 框架 - 抗震墙结构房屋的防震缝宽度不应小于框架结构房屋防震缝宽度规定数值的 70%，抗震墙结构房屋的防震缝宽度不应小于框架结构房屋防震缝宽度规定数值的 50%，且均不宜小于 100mm；

c. 防震缝两侧结构类型不同时，宜按需要较宽防震缝的结构类型和较低房屋高度确定缝宽。

（3）防震缝的盖缝构造

防震缝应同伸缩缝、沉降缝协调布置，相邻上部结构完全断开，并留有足够的缝隙。一般情况下，防震缝基础可不断开，但在平面复杂的建筑中或建筑相邻部分刚度差别较大时，也需将基础断开。按沉降缝设置的防震缝也应将基础断开。防震缝宽度较大，在盖缝时，应注意美观，对于外墙处，应注意节能。

2. 楼梯

1）楼梯的组成

楼梯一般由楼梯段、平台及栏杆（或栏板）三部分组成（图 3–11）。

（1）楼梯段

楼梯段又称楼梯跑，是楼梯的主要使用和承重部分。它由若干个踏步组成。为减少人们上下楼梯时的疲劳和适应人行的习惯，一个楼梯段的踏步数要求最多不超过 18 级，最少不少于 3 级。

（2）平台

平台是指两楼梯段之间的水平板，有楼层平台、中间平台之分。其主要作用在于缓解疲劳，让人们在连续上楼时可在平台上稍加休息，故又称休息平台。同时，平台还是梯段之间转换方向的连接处。

3–3 楼梯的构造组成
和类型

(3) 栏杆

栏杆是楼梯段的安全设施，一般设置在梯段的边缘和平台临空的一边，要求它必须坚固可靠，并保证有足够的安全高度。

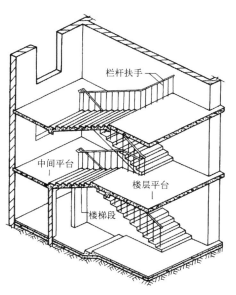

2) 楼梯的类型

按位置不同分，楼梯有室内与室外两种。

按使用性质分，室内有主要楼梯、辅助楼梯；室外有安全楼梯、防火楼梯。

按材料分，有木质、钢筋混凝土、钢质、混合式及金属楼梯。

按楼梯的平面形式不同，可分为如下几种：单跑直楼梯；双跑直楼梯；曲尺楼梯；双跑平行楼梯；双分转角楼梯；双分平行楼梯；三跑楼梯；三角形三跑楼梯；圆形楼梯；中柱螺旋楼梯；无中柱螺旋楼梯；单跑弧形楼梯；双跑弧形楼梯；交叉楼梯；剪刀楼梯，如图 3—12 所示。

图 3—11 楼梯的组成

3) 楼梯的设计要求

(1) 作为主要楼梯，应与主要出入口邻近，且位置明显；同时还应避免垂直交通与水平交通在交接处拥挤、堵塞。

(2) 必须满足防火要求，楼梯间除允许直接对外开窗采光外，不得向室内任何房间开窗；楼梯间四周墙壁必须为防火墙；对防火要求高的建筑物特别是高层建筑，应设计成封闭式楼梯或防烟楼梯。

(3) 楼梯间必须有良好的自然采光。

4) 楼梯的尺度

(1) 楼梯段的宽度

楼梯的宽度必须满足上下人流及搬运物品的需要。从确保安全角度出发，楼梯段宽度是由通过该梯段的人流数确定的。

(2) 楼梯的坡度与踏步尺寸

3—4 楼梯的尺度

楼梯梯段的最大坡度不宜超过 38°；当坡度小于 20° 时，采用坡道；大于 45° 时，则采用爬梯。楼梯坡度实质上与楼梯踏步密切相关，踏步高与宽之比即可构成楼梯坡度。踏步高常以 h 表示，踏步宽常以 b 表示，民用建筑中，楼梯踏步的最小宽度与最大高度的限制值见表 3—6。

楼梯踏步最小宽度和最大高度（mm）　　　　　　　　表3—6

楼梯类别	最小宽度b	最大高度h
住宅公共楼梯	260	175
托儿所、幼儿园楼梯	260	130
小学校楼梯	260	150
人员密集且竖向交通繁忙的建筑和大、中学校等楼梯	280	160

楼梯类别	最小宽度b	最大高度h
其他建筑楼梯	260	170
专用疏散楼梯	250	180
服务楼梯、住宅套内楼梯	220	200

注:无中柱螺旋楼梯和弧形楼梯离内侧扶手中心250mm处的踏步宽度不应小于220mm。

(3) 楼梯栏杆扶手的高度

楼梯栏杆扶手的高度，指踏面前缘至扶手顶面的垂直距离。楼梯扶手的高度与楼梯的坡度、楼梯的使用要求有关，很陡的楼梯，扶手的高度矮些，坡度平缓时高度可稍大。在30°左右的坡度下常采用900mm；儿童使用的楼梯一般为600mm。对一般室内楼梯≥900mm，靠梯井一侧水平栏杆长度＞500mm，其高度≥1000mm，室外楼梯栏杆高≥1050mm。

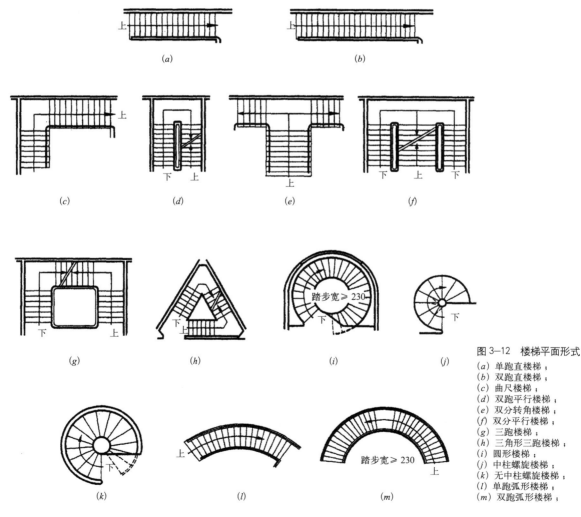

图 3-12 楼梯平面形式

(a) 单跑直楼梯；
(b) 双跑直楼梯；
(c) 曲尺楼梯；
(d) 双跑平行楼梯；
(e) 双分转角楼梯；
(f) 双分平行楼梯；
(g) 三跑楼梯；
(h) 三角形三跑楼梯；
(i) 圆形楼梯；
(j) 中柱螺旋楼梯；
(k) 无中柱螺旋楼梯；
(l) 单跑弧形楼梯；
(m) 双跑弧形楼梯；

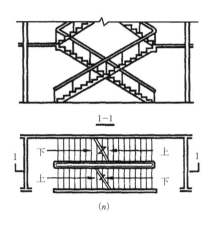

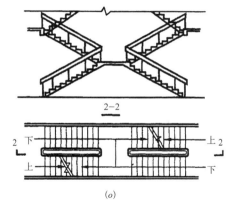

图 3-12 楼梯平面形式
        （续）

(n) 交叉楼梯；
(o) 剪刀楼梯

5）楼梯尺寸的确定

设计楼梯主要是解决楼梯梯段和平台的设计问题，而梯段和平台的尺寸与楼梯间的开间、进深和层高有关。如图 3-13 所示。

（1）梯段宽度与平台宽的计算

梯段宽 B ：

$$B=\frac{A-C}{2}$$ 　　　　　　　　　　　　　　　　　　（3-1）

式中　A——开间净宽；

　　　C——两梯段之间的缝隙宽，考虑消防、安全和施工的要求，$C=60\sim 200mm$。

平台宽 D ：　　　　　　　　$D\geqslant B$ 　　　　　　　　　　（3-2）

（2）踏步的尺寸与数量的确定

$$N=\frac{H}{h}$$ 　　　　　　　　　　　　　　　　　　（3-3）

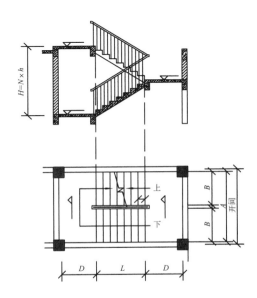

图 3-13 楼梯尺寸的
        确定

式中　H——层高；

　　　　h——踏步高。

（3）梯段长度计算

梯段长度取决于踏步数量。当 N 已知后，对两段等跑的楼梯梯段长 L 为

$$L=\left(\frac{N}{2}-1\right)b \tag{3-4}$$

式中　b——踏步宽。

（4）楼梯的净空高度

为保证在这些部位通行或搬运物件时不受影响，其净高在平台处应大于 2m；在梯段处应大于 2.2m。

当楼梯底层中间平台下做通道时，为求得下面空间净高 ≥ 2000mm，常采用以下几种处理方法（图 3-14）：

①将楼梯底层设计成"长短跑"，让第一跑的踏步数目多些，第二跑踏步少些，利用踏步的多少来调节下部净空的高度。

②增加室内外高差。

③将上述两种方法结合，即降低底层中间平台下的地面标高，同时增加楼梯底层第一个梯段的踏步数量。

④将底层采用单跑楼梯，这种方式多用于少雨地区的住宅建筑。

⑤取消平台梁，即平台板和梯段组合成一块折形板。

3.2.3　多层公共建筑的结构概述

多层公共建筑的结构体系多为砖混结构和框架结构，因此结构体系的布

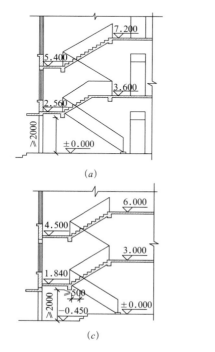

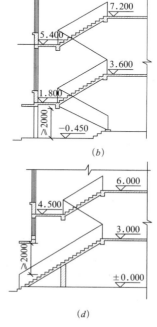

图 3-14　平台下作出入口时楼梯净高设计的几种方式
(a) 底层设计成"长短跑"；
(b) 增加室内外高差；
(c) (a) (b) 相结合；
(d) 底层采用单跑梯段

置和设计与住宅相似，此处不再赘述。本节着重谈一谈楼盖的结构设计和楼梯的结构设计。

1. 楼盖的结构设计概述

1）钢筋混凝土连续梁、板内力计算

钢筋混凝土单向板肋形楼盖的板、次梁和主梁都可视为多跨连续梁，钢筋混凝土连续梁的内力计算是单向板肋形楼盖设计中的一个主要内容。钢筋混凝土连续梁的内力计算有两种方法，即弹性理论计算法和塑性理论计算法。

（1）弹性理论计算法

按弹性理论方法计算是假定结构构件（梁、板）为理想的匀质弹性体，因此其内力可按结构力学方法分析。按弹性理论方法计算，概念简单、易于掌握，且计算结果比实际偏大，可靠度大。

①计算简图

确定计算简图的内容包括：确定梁、板的支座情况、各跨跨度以及荷载的形式、位置、大小等。图3-15所示为某单向板肋形楼盖及其计算简图。

a. 支座

梁、板支承在砖墙或砖柱上时，可视为铰支座；当梁、板的支座与其支承梁、柱整体连接时，为简化计算，仍近似视为铰支座，并忽略支座宽度的影响。这样，板即简化为支承在次梁上的多跨连续梁；主梁则简化为以柱或墙为支座的多跨连续梁。

b. 跨数与计算跨度

当连续梁的某跨受到荷载作用时，其相邻各跨也会受到影响，并产生变形和内力，但这种影响是距该跨越远越小，当超过两跨以上时，影响已很小。因此，对于多跨连续板、梁（跨度相等或相差不超过10%），若跨数超过五跨时，只按五跨来计算。此时，除连续板、梁两边的第一、二跨外，其余的中间跨和

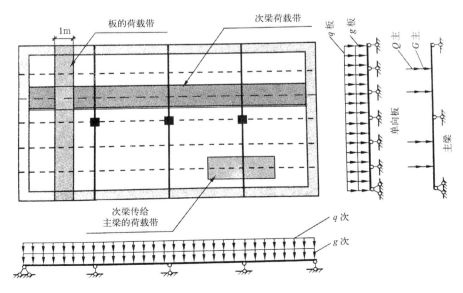

图 3-15　某单向板肋形楼盖及其计算简图

中间支座的内力值均按五跨连续板、梁的中间跨和中间支座采用。

连续板、梁各跨的计算跨度，与支座的形式、构件的截面尺寸以及内力计算方法有关。当连续梁、板各跨跨度不等时，如各跨计算跨度相差不超过10%，仍可按等跨连续梁、板来计算各截面的内力。但在计算各跨跨中截面内力时，应取本跨计算跨度；在计算支座截面内力时，取左、右两跨计算跨度的平均值计算。

注意：在确定计算跨度之前，应事先假定构件截面尺寸。一般地，次梁的截面高度 h 可初定为 $(1/18\sim1/12)$ l_0（l_0 为次梁的计算跨度）；主梁的截面高度 h 可初定为 $(1/14\sim1/8)$ l_0（l_0 为主梁的计算跨度）；板厚按构造。同时，为了保证板、梁具有足够的刚度，在初步假定板、梁的截面尺寸时，尚应符合规范的要求。初步假定的截面尺寸在截面承载力计算时如发现与实际需要尺寸相差甚大时，则应重新假定再计算，直到满足要求为止。

c. 荷载

作用在楼盖上的荷载有恒载和活载两种。恒载包括结构自重、各构造层重、永久性设备重等。活载为使用时的人群、堆料及一般设备重，而屋盖还有雪荷载。上述荷载通常按均布荷载考虑作用于楼板上。计算时，通常取 1m 宽的板带作为板的计算单元。次梁承受左右两边板上传来的均布荷载及次梁自重。主梁承受次梁传来的集中荷载及主梁自重，主梁的自重为均布荷载，但为便于计算，一般将主梁自重折算为几个集中荷载，分别加在次梁传来的集中荷载处。

d. 折算荷载

前已述及，在确定连续板、梁支座时，认为连续板在次梁处、次梁在主梁处均为铰支承，并未考虑次梁对板、主梁对次梁转动的弹性约束作用，这就使计算结果与实际情况存在差别。当板受荷发生弯曲转动时，将带动作为其支座的次梁产生扭转，次梁的扭转则将部分地阻止板自由转动。可见，板的支座与理想的铰支座不同，板的实际支承情况将使板跨中的弯矩值降低。类似情况也发生在次梁和主梁之间。

在设计中，一般用增大恒载并相应减小活荷载的办法来考虑次梁对板的弹性约束，即用调整后的折算恒荷载 g' 和折算活荷载 q' 代替实际恒荷载 g 和实际活荷载 q。板和次梁的折算荷载取值分别如下：

板 $$g'=g+\frac{q}{2}, \quad q'=\frac{q}{2} \tag{3-5}$$

次梁 $$g'=g+\frac{q}{4}, \quad q'=\frac{3}{4}q \tag{3-6}$$

式中　g'、q'——折算恒荷载和折算活荷载；

　　　g、q——实际恒荷载和实际活荷载。

主梁不进行荷载的折算，这是因为如果支承主梁的柱刚度较大，就应按框架结构计算主梁内力；如柱刚度较小，则柱对主梁的约束作用很小，故不进行荷载折算。

②内力计算

a. 活荷载的最不利组合

由于活荷载作用位置的可变性，为使构件在各种可能的荷载情况下都能达到设计要求，需要确定各截面的最大内力。因此，存在一个将活荷载与恒荷载组合起来，使某一指定截面的内力为最不利的问题，即荷载的最不利组合问题。对于多跨连续梁，除恒荷载按实际情况满布于结构上外，活荷载并不是满布于梁上时出现最大内力，因此需要研究可变荷载作用的位置对连续梁内力的影响。

经分析，连续梁最不利荷载组合的规律为：当求连续梁各跨的跨中最大正弯矩时，应在该跨布置活荷载，然后向左、右两边隔跨布置活荷载；当求连续梁各中间支座的最大（绝对值）负弯矩时，应在该支座的左、右两跨布置活荷载，然后隔跨布置活荷载；当求连续梁各支座截面（左侧或右侧）的最大剪力时，应在该支座的左、右两跨布置活荷载，然后隔跨布置活荷载。

b. 内力计算

活荷载的最不利位置确定后，对等跨度（或跨度差 ≤ 10%）的连续梁，即可直接应用表格查得在恒载和各种活荷载作用下梁的内力系数，并按下列公式求出梁有关截面的弯矩 M。

$$M = K_1 G l_0 + K_2 Q l_0 \qquad (3-7)$$

c. 内力包络图

内力（弯矩、剪力）包络图，是指在恒载内力（弯矩、剪力）图上叠加以各种不利活荷载位置作用下得出的内力（弯矩、剪力）图的最外轮廓线所围成的图形，也称内力叠合图。利用内力包络图，可以合理地确定梁中纵向受力钢筋弯起与切断的位置，还可检验构件截面强度是否可靠、材料用量是否节省。

弯矩包络图的绘制方法：

（a）确定活荷载作用位置，即确定使各控制截面产生最不利内力的活荷载布置位置。具体地讲，如在绘制连续梁第一跨弯矩包络图时，恒荷载应满布各跨，活荷载的布置位置应考虑能使该跨跨中截面分别产生 M_{max} 和 M_{min}，使该跨左、右支座截面分别产生最大（绝对值）负弯矩。

（b）根据上述荷载作用情况，分别求出各支座的弯矩值。

（c）将求得的各支座弯矩，按相同比例绘于支座上，并将同一荷载作用情况下各跨两端的支座弯矩连成直线，再以此为基线，在其上根据荷载情况分别按简支梁作出弯矩图形。

（d）连接弯矩图形的最外轮廓线，即得所求的弯矩包络图，可用加粗的线型区分出来。

剪力包络图的绘制方法：

（a）确定荷载作用位置。绘制连续梁各跨剪力包络图时，恒载应满布各跨，活荷载的布置位置应考虑分别使该跨两端支座剪力为最大两种情况。

（b）分别求出各个支座的剪力值。

（c）将求得的各支座剪力，按相同比例分别绘于各支座上，再根据各跨荷载情况分别按简支梁绘制剪力图。

（d）连接剪力图形的最外轮廓线，即得所求的剪力包络图，并用加粗的线型区分出来。

由于绘制内力包络图的工作量较大，故在楼盖设计中，除主梁和不等跨的次梁（跨度差＞20%）有时需根据包络图来确定钢筋弯起和截断位置外，对于连续板和等跨连续次梁一般不必绘制包络图，而直接按照连续板、梁的构造要求来确定钢筋弯起和截断位置。

（2）塑性理论计算法

钢筋混凝土是钢筋与混凝土这两种材料组成的非匀质的弹塑性体，按弹性理论的计算方法忽视了钢筋混凝土的非弹性性质，假定结构为理想的匀质弹性体（这种假定只在构件处在低应力状态时才较为符合），按弹性理论计算结构内力存在着三个方面的问题：其一，按弹性理论计算的结构内力与按破坏阶段的构件截面设计方法是互不协调的，材料强度未能得到充分发挥。其二，弹性理论计算法是按可变荷载的各种最不利布置时的内力包络图来配筋的，但各跨中和各支座截面的最大内力实际上并不可能同时出现。而且，由于超静定结构具有多余约束，当某一截面应力达到破坏阶段时，并不等于整个结构的破坏。可见，按弹性理论方法计算，整个结构各截面的材料不能充分利用。其三，按弹性理论方法计算时，支座弯矩总是远大于跨中弯矩，这将使支座配筋拥挤、构造复杂、施工不便。

①塑性铰与塑性内力重分布的概念

钢筋混凝土简支梁，当梁的工作进入破坏阶段时跨中受拉钢筋首先屈服，随着荷载增加，变形急剧增大，裂缝扩展，截面绕中和轴转动，但此时截面所承受的弯矩维持不变。从钢筋屈服到受压区混凝土被压坏，裂缝处截面绕中和轴转动，就像梁中出现了一个铰，这个铰实际是梁中塑性变形集中出现的区域，称为塑性铰。

塑性铰与理想铰的区别在于：前者能承受一定的弯矩，并只能沿弯矩作用方向作微小的转动；后者则不能承受弯矩，但可自由转动。

简支梁是静定结构，当某个截面出现塑性铰后，即成为几何可变体系，将失去承载能力。而钢筋混凝土多跨连续梁是超静定结构，存在着多余约束，在某个截面出现塑性铰后，相当于减少了一个多余约束，结构仍是几何不变体系，还能继续承担后续的荷载。但此时梁的内力不再按原来的规律分布，将出现内力的重分布。

如图 3-16 所示的两跨连续梁，承受均布荷载 q，按弹性理论计算得到的支座最大弯矩为 M_B，跨中最大弯矩为 M_1。设计时，若支座截面按弯矩 M'_B（$M'_B < M_B =$ 配筋，这样可使支座截面配筋减少，方便施工，这种做法称为弯矩调幅。梁在荷载作用下，当支座弯矩达到 M'_B 时，支座截面便产生较大塑性变形而形成塑性铰，随着荷载继续增加，因中间支座已形成塑性铰，只能转动，所承受的弯

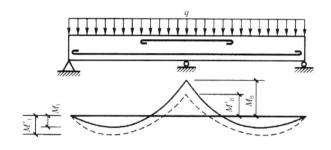

图 3-16 两跨连续梁
的内力塑性重分布

矩 M'_B 将保持不变，但两边跨的跨内弯矩将随荷载的增加而增大，当全部荷载 q 作用时，跨中最大弯矩达到 M'_1（$M'_1 > M_1$），这种在多跨连续梁中，由于某个截面出现塑性铰，使该塑性铰截面的内力向其他截面（如本例的跨内截面）转移的现象，称为塑性内力重分布。事实上，钢筋混凝土超静定结构，都具有塑性内力重分布的性质。

应当指出的是，如按弯矩包络图配筋，支座的最大负弯矩与跨中的最大正弯矩并不是在同一荷载作用下产生的，所以当下调支座负弯矩时，在这一组荷载作用下增大后的跨中正弯矩，实际上并不大于包络图上外包线的弯矩，因此跨中截面并不会因此而增加配筋。可见，利用塑性内力重分布，可调整连续梁的支座弯矩和跨中弯矩，既方便了施工，又能取得经济的配筋，也更符合构件的实际工作情况。

综上所述，钢筋混凝土连续梁塑性内力重分布的基本规律如下：

a. 钢筋混凝土连续梁达到承载能力极限状态的标志，不是某一截面到达了极限弯矩，而是必须出现足够的塑性铰，使整个结构形成几何可变体系。

b. 塑性铰出现以前，连续梁的弯矩服从于弹性的内力分布规律；塑性铰出现以后，结构计算简图发生改变，各截面的弯矩的增长率发生变化。

c. 按弹性理论计算，连续梁的内力与外力既符合平衡条件，同时也满足变形协调关系。按塑性内力重分布法计算，内力与外力符合平衡条件，但转角相等的变形协调关系不再成立。

d. 通过控制支座截面和跨中截面的配筋比，可以人为控制连续梁中塑性铰出现的早晚和位置，即控制调幅的大小和方向。

②塑性理论计算法的适用条件和适用范围

a. 适用条件。按塑性理论计算法计算内力时，是考虑了支座截面能出现塑性铰，并具有一定塑性转动能力的前提下进行的。为了保证在调幅截面能够形成塑性铰，且具有足够的转动能力，《混凝土结构设计规范》GB 50010—2010 规定：塑性铰截面中混凝土受压区高度不大于 $0.35h_0$，即 $x \leqslant 0.35h_0$。

b. 适用范围。采用塑性内力重分布法虽然可节约钢材，方便施工，但在构件使用阶段的裂缝和变形均较大，所以对于下列结构不能采用这种方法，而应按弹性理论法计算其内力：在使用阶段不允许出现裂缝，或对裂缝开展有较高要求的结构；重要部位的结构和可靠度要求较高的结构；直接承受动力荷载和疲劳荷载作用的结构；处于侵蚀性环境中的结构。

一般工业与民用建筑的整体式肋形楼盖中的板和次梁，通常均采用塑性理论法计算。而主梁属于重要构件，截面高度较大，配筋也较多，一般仍采用弹性理论方法计算。

2）单向板肋形楼盖的计算与构造

（1）单向板

①计算要点

a.板的计算步骤：沿板的长边方向切取 1m 宽板带作为计算单元→荷载计算→按塑性内力重分布法计算内力→配筋计算，选配钢筋。

b.当板的周边与梁整体连接时，在竖向荷载作用下，周边梁将对它产生水平推力。该推力可减少板中各计算截面的弯矩。因此，对四周与梁整体连接的单向板，其中间跨的跨中截面及中间支座截面的计算弯矩可减少 20%，其他截面不予减少。

c.根据弯矩算出各控制截面的钢筋面积后，为使跨数较多的内跨钢筋与计算值尽可能一致，同时使支座截面配筋尽可能利用跨中弯起的钢筋，以保证配筋协调（直径、间距协调），应按先内跨后边跨，先跨中后支座的次序选配钢筋。

d.板一般均能满足斜截面抗剪要求，设计时可不进行抗剪强度验算。

②构造要求

a.板的支承长度

板的支承长度应满足其受力钢筋在支座内锚固的要求，且一般不小于板厚，当搁置在砖墙上时，不少于 120mm。

b.配筋方式

连续板受力钢筋有弯起式和分离式两种配筋方式。

弯起式配筋就是先将跨中一部分受力钢筋（常为 1/3~1/2）在支座处弯起，作承担支座负弯矩之用，如不足可另加直钢筋补充。

弯起式配筋的特点是钢筋锚固较好，整体性强，节约钢材，但施工较为复杂，目前已很少采用。

分离式配筋是指在跨中和支座全部采用直钢筋，跨中和支座钢筋各自单独选配。分离式配筋板顶钢筋末端应加直角弯钩直抵模板；板底钢筋末端应加半圆弯钩，但伸入中间支座者可不加弯钩。分离式配筋的特点是配筋构造简单，但其锚固能力较差，整体性不如弯起式配筋，耗钢量也较多。

等跨连续板内受力钢筋的弯起和截断位置，不必由抵抗弯矩图来确定，而直接按弯起点或截断点位置确定即可。但当板相邻跨度差超过 20%，或各跨荷载相差太大时，仍应按弯矩包络图和抵抗弯矩图来确定。

c.构造钢筋

a）分布钢筋

单向板中单位长度上的分布钢筋，其截面面积不应小于单位长度上受力钢筋截面面积的10%，其间距不应大于300mm。当板所受的温度变化较大时，板中的分布钢筋应适当增加。板的分布钢筋应配置在受力钢筋的所有弯折处并沿受力钢筋直线段均匀布置，但在梁的范围内不必布置。

b）嵌入墙内板的板面附加钢筋

对于嵌固在承重砖墙内的现浇板，为了避免沿墙边板面产生裂缝，在板的上部应配置间距不大于200mm，直径不小于8mm的构造钢筋（包括弯起钢筋在内），其伸出墙边的长度不应小于 $l_1/7$。对于两边均嵌固在墙内的板角部分，为防止出现垂直于板的对角线的板面裂缝，在板上部离板角点 $l_1/4$ 范围内也应双向配置上述构造钢筋，其伸出墙边的长度不应小于 $l_1/4$。同时，沿受力方向配置的上部构造钢筋（包括弯起钢筋）的截面面积不宜小于该方向跨中受力钢筋截面面积的1/3；沿非受力方向配置的上部构造钢筋，可根据经验适当减少。

c）周边与梁或墙整体浇筑板的上部构造钢筋

现浇楼盖周边与混凝土墙整体浇筑的板（包括双向板），应在板边上部设置垂直于板边的构造钢筋，其直径不小于8mm，间距不大于200mm，且截面面积不宜小于板跨中相应方向纵向钢筋截面面积的1/3；该钢筋自梁边或墙边伸入板内的长度，在单向板中不宜小于受力方向板计算跨度的1/5，在双向板中不宜小于板短跨方向计算跨度的1/4；在板角处该钢筋应沿两个垂直方向布置或按放射状布置；当柱角或墙的阳角突出到板内且尺寸较大时，亦应沿柱边或墙体阳角边布置构造钢筋，该构造钢筋伸入板内的长度应从柱边或墙边算起。上述上部构造钢筋应按受拉钢筋锚固在梁内、墙内或柱内。

d）垂直于主梁的板面构造钢筋

现浇单向板肋形楼盖中的主梁，将对板起支承作用，靠近主梁的板面荷载将直接传递给主梁，因而产生一定的负弯矩，并使板与主梁相接处产生板面裂缝，有时甚至开展较宽。因此，《混凝土结构设计规范》GB 50010—2010规定，应在板面沿主梁方向每米长度内配置不少于 $5\phi8$ 的构造钢筋，其单位长度内的总截面面积，应不小于板跨中单位长度内受力钢筋截面面积的1/3，伸出主梁梁边的长度不小于 $l_1/4$，l_1 为板的计算跨度。

e）板未配钢筋表面的温度、收缩钢筋

在温度、收缩应力较大的现浇板区域内，钢筋间距宜取为150~200mm，并应在板的未配筋表面布置温度收缩钢筋。板的上、下表面沿纵、横两个方向的配筋率均不宜小于0.1%。温度收缩钢筋可利用原有钢筋贯通布置，也可另行设置构造钢筋网，并与原有钢筋按受拉钢筋的要求搭接或在周边构件中锚固。

f）板内孔洞周边的附加钢筋

当孔洞的边长 b（矩形孔）或直径 d（圆形孔）不大于300mm时，由于削弱面积较小，可不设附加钢筋，板内受力钢筋可绕过孔洞，不必切断。

当 b（或 d）大于300mm，但小于1000mm时，应在洞边每侧配置加强洞口的附加钢筋，其截面面积不小于洞口被切断的受力钢筋截面面积的 1/2，且不小于 $2\phi10$，并布置在与被切断的主筋同一水平面上。

当 b（或 d）大于 1000mm 时，或孔洞周边有较大集中荷载时，应在洞边设肋梁。

（2）次梁

①计算要点

a. 次梁的计算步骤：初选截面尺寸→荷载计算→按塑性内力重分布法计算内力→计算纵向钢筋→计算箍筋及弯起钢筋→确定构造钢筋。

b. 截面尺寸满足前述高跨比（1/18~1/12）和宽高比（1/3~1/2）的要求时，不必作使用阶段的挠度和裂缝宽度验算。

c. 计算纵向受拉钢筋时，跨中按 T 形截面计算；支座因翼缘位于受拉区，按矩形截面计算。

d. 计算横向钢筋时，若荷载、跨度较小，一般只利用箍筋抗剪；当荷载、跨度较大时，宜在支座附近设置弯起钢筋，以减少箍筋用量。

②构造要求

a. 次梁的一般构造要求，如受力钢筋的直径、间距、根数等与规范所述受弯构件的构造要求相同。

b. 次梁伸入墙内的长度一般应不小于 240mm。

c. 次梁的纵向受力钢筋伸入支座的锚固长度应符合下列要求：

连续梁的上部纵向钢筋应贯穿其中间支座或中间节点范围。连续梁下部纵向受力钢筋伸入中间支座的锚固长度：当计算中不利用其强度时，其伸入长度与简支梁当 $V>0.7f_tbh_0$ 时的规定相同；当计算中充分利用钢筋的抗拉强度时，其伸入支座的锚固长度不应小于受拉钢筋的最小锚固长度 l_a；当计算中充分利用钢筋的抗压强度时，其锚固长度不应小于 $0.7l_a$。连续梁下部纵向受力钢筋伸入边支座内的锚固长度 l_{as}：当 $V \leqslant 0.7f_tbh_0$ 时，$l_{as} \geqslant 5d$；当 $V>0.7f_tbh_0$ 时，带肋钢筋 $l_{as} \geqslant 12d$，光面钢筋 $l_{as} \geqslant 15d$（d 为纵向受力钢筋的直径）。纵向受拉钢筋锚固长度若不满足要求，应采取专门的锚固措施，例如，在钢筋上加焊横向锚固钢筋、锚固钢板，或将钢筋端部焊接在梁端的预埋件上等。

（3）主梁

①计算要点

a. 主梁的计算步骤：初选截面尺寸→荷载计算→按弹性理论计算内力→计算纵向钢筋、箍筋及弯起钢筋→确定构造钢筋。

b. 主梁主要承受由次梁传来的集中荷载。为简化计算，主梁自重可折算为集中荷载，并假定与次梁的荷载共同作用在次梁支承处。

c. 正截面承载力计算时，跨中按 T 形截面计算，支座按矩形截面计算。当跨中出现负弯矩时，跨中也按矩形截面计算。

d. 由于支座处板、次梁和主梁的钢筋重叠交错，且主梁负筋位于次梁和板的负筋之下，故截面有效高度在支座处有所减少。

e. 按弹性理论方法计算主梁内力时，其跨度取支座中心线间的距离，因而最大负弯矩发生在支座中心（即柱中心处），但这并非危险截面。实际危险截面应为支座（柱）边缘，故计算弯矩应按支座边缘处取用。

f. 主梁主要承受集中荷载，剪力图呈矩形。如果在斜截面抗剪承载力计算中，要利用弯起钢筋抵抗部分剪力，则应考虑跨中有足够的钢筋可供弯起，以使抗剪承载力图形完全覆盖剪力包络图。若跨中钢筋可供弯起的根数不多，则应在支座设置专门的抗剪钢筋。

g. 截面尺寸满足前述高跨比（1/14~1/8）和宽高比（1/3~1/2）的要求时，一般不必作使用阶段挠度和裂缝宽度验算。

②构造要求

a. 主梁的一般构造要求与次梁相同。但主梁纵向受力钢筋的弯起和截断，应使其抗弯承载力图形覆盖弯矩包络图，并应满足有关构造要求。

b. 主梁伸入墙内的长度一般应不小于370mm。

c. 附加横向钢筋：

次梁与主梁相交处，由于主梁承受由次梁传来的集中荷载，其腹部可能出现斜裂缝，并引起局部破坏。因此，《混凝土结构设计规范》GB 50010—2010规定，位于梁下部或梁截面高度范围内的集中荷载，应设置附加横向钢筋来承担，以便将全部集中荷载传至梁上部。附加横向钢筋有箍筋和吊筋两种，应优先采用箍筋。附加横向钢筋应布置在长度为 $s=2h_1+3b$ 的范围内。第一道附加箍筋离次梁边50mm。

2. 楼梯的结构设计概述

钢筋混凝土楼梯按施工方式可分为现浇式和预制装配式两类。现浇楼梯按梯段的传力特点，有板式梯段和梁板式梯段之分。

1）板式梯段

板式梯段是指楼梯段作为一块整板，斜搁在楼梯的平台梁上。平台梁之间的距离便是这块板的跨度。如图3-17所示。

2）梁板式梯段

当梯段较宽或楼梯负载较大时，采用板式梯段往往不经济，须增加梯段斜梁（简称梯梁）以承受板的荷载，并将荷载传给平台梁，这种梯段称梁板式梯段。

3-5 板式楼梯动画

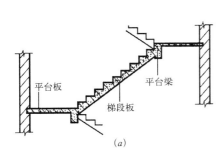

(a)

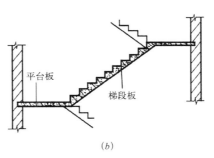

(b)

图 3-17 板式梯段楼梯

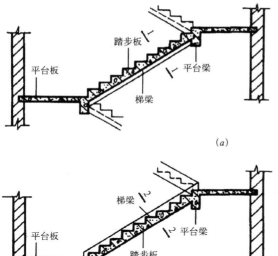

(a)

1-1

双梁

单梁

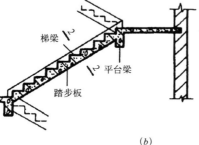

双梁

单梁

(b)

2-2

图 3-18　梁板式梯段
楼梯
(a) 梯斜梁下翻；
(b) 梯斜梁上翻

梁板式梯段在结构布置上有双梁布置和单梁布置之分。梯梁在板下部的称正梁式梯段，将梯梁反向上面称反梁式梯段，如图 3-18 所示。

3）确定楼梯的结构方案

板式楼梯板厚，下表面平整、美观。一般当楼梯使用荷载不大，且梯段的水平投影长度小于 4.5m 时，通常采用板式楼梯（在公共建筑中为了符合卫生和美观的要求大量采用板式楼梯）。

3-6　梁板式楼梯动画

但跨度较大仍采用板式楼梯时则板要取得厚，自重大，挠度、裂缝不好控制，钢筋也配得多，不经济；梁式的楼梯板薄，但下表面不平，不美观。当使用荷载较大，且梯段的水平投影长度大于 4.5m 或预制装配式楼梯，则宜采用梁式楼梯，但要满足净高要求。

4）楼梯计算

（1）梯段板设计

梯段板厚 $t=l_n/25\sim l_n/30$，设计时取 $l_n/28$，一般不小于 120mm（抗震措施板厚不宜小于 140mm），取 1000mm 宽板带计算。

①荷载计算（kN/m）恒载 g_1：

a. 计算斜板及板底抹灰总重：（板厚 × 混凝土密度 25+ 抹灰厚 0.02× 抹灰密度 17）× 梯板斜段长。

b. 计算 n 个踏步的三角形自重（不含面层）：

$b×h/2×$ 混凝土密度（$25kN/m^3$）$×n$。

c. 计算面层重：面层材料密度 × 面层厚度（$=0.65kN/m^2$ 水磨石面层）×（整个楼梯跨度 + 楼梯高）。

总重为 a+b+c；均布荷载为 （a+b+c）／跨度 + 栏杆或栏板自重（栏杆 =

0.2kN/m），一般取 7.5~8.5kN/m。

（手算复核楼梯配筋：设楼梯每个踏步宽为 b，高为 h，梯板厚度为 t，倾斜角为 a。楼梯恒荷载 $g_1=(25t+0.4)/\cos a+12.5h+1+h/b$)

活载 q_1：3.5kN/m 荷载标准值：$P_1=1.2×$ 恒载 $+1.4×$ 活载；

$P_1=1.35×$ 恒载 $+0.7×1.4×$ 活载，p 取大值。

②截面设计

板水平计算跨度 l_n，弯矩设计值：$M_{max}=1/10Pl_n^2$（$l_n \leqslant 4.5m$，支座与休息平台板相连，考虑支座的嵌固作用）。$M_{max}=1/8Pl_n^2$（有一端为折板、两端均为折板，不考虑支座的嵌固作用，$l_n > 4.5m$ 时为连续梯段板）。

下部配筋按计算，且配筋率按 0.25% 和混凝土规定最小配筋率的较大值。

上部通长配筋，不小于下部配筋面积的 1/2，且不应小于单位面积的 0.25%（一般按下部配筋计算，双层双向配筋）。

分布钢筋：一般最小为 $\phi6@150$，但应满足《混凝土结构设计规范》GB 500010 10.1.8 条的要求，即不宜小于单位宽度上受力钢筋截面面积的 15% 且不宜小于该方向板截面面积的 0.15%。分布钢筋间距不宜大于 200mm。一般取 $\phi8@200$。

（2）平台板设计

设平台板厚 $t=l_0/30$ 单向板（或 $t=l_0/40$ 双向板，或 $t=l_0/12$ 悬臂板，悬挑长度控制在 1.5m 内），一般平台板厚与梯段板厚相同，取 1000mm 宽板带计算。

①荷载计算 （kN/m）

②截面设计

计算跨度 l_0，跨中弯矩设计值 $M_{max}=1/10Pl_0^2$（悬臂板 $M_{max}=Pl_0^2$）。

（3）平台梁设计

设梁高按简支梁 $h=1/12~1/8$（悬臂梁 $h=1/6~1/5$），梁宽 $b=h/2~h/3.5$。因受力复杂，截面不宜太小，一般为 200mm×400mm，最小宜取 200mm×350mm。注意与梯板的关系，梁底不应高于梯段板板底。

①荷载计算

恒载 g_3：

a. 梁自重：$b×(h-t)×25$；

b. 梁侧刷粉：$0.02×(h-t)×2×17$；

c. 梯段板传来的荷载：$g_1×$ 梯段板水平投影长 /2；

d. 平台板传来的荷载：$g_2×$ 平台板长 /2。

活载 q_3：

3.5×（梯段板水平投影长 /2+ 平台板长 /2）。

②截面设计

设梁计算跨度 $l_0=1.05l_n$。

弯矩设计值：一般按简支梁设计 $M_{max}=1/8Pl_0^2$（悬臂梁 $M_{max}=Pl_0^2$）；

剪力设计值：$V_{max}=1/2Pl_n$（悬臂梁 $V_{max}=Pl_n$）。

a. 梯梁抗弯钢筋配置：

截面按倒 L 形计算，$bf'=b+5hf'=b+5t$，梁有效高度 $h_0=h-as=h-35$（mm）。判定属于第几类 T 形截面。

（a）配筋应满足计算和最小配筋率的要求；

（b）底筋、顶筋配筋率均不小于 0.25%；

（c）顶筋应拉通（不得采用架立筋），且钢筋应不小于底筋配筋面积的 1/2；

（d）楼层标高处梁除满足前三条外，还应满足柱体设计要求。

b. 梯梁抗剪钢筋配置：

设配置 $\phi6@200$ 双肢箍筋（若为悬臂梁箍筋宜全长加密），则斜截面受剪承载力：$V_{CS}=0.7ft+1.25f_{yv}A_{sv}h_0/s > V_{max}$，则满足要求。

c. 梯梁抗扭钢筋配置：

考虑梯梁受力复杂，地震时，梯段板传来的力方向不同，以增加抗扭能力，箍筋间距 @100~150。$h_w \geqslant 450mm$ 时腰筋配筋率宜加强。

（4）梯柱设计

①截面：最小 250mm × 250mm、200mm × 300mm。

②配筋：纵筋宜按同主体相同抗震等级的框架柱最小配筋率。箍筋宜全高加密。

3.2.4 多层结构公共建筑的质量要求与检验

正如前面所述，多层结构的公共建筑的结构形式与住宅相同，所用材料也基本一致。因此，它们的质量要求与检验方法也都一致，此处不再详述。

3.3 学习项目 3 高层结构公共建筑

3.3.1 高层结构公共建筑的特点

1. 建筑上的特点

1）建筑面积大

从国内外已建成的高层建筑来看，一座大楼的建筑面积有几万至几十万平方米。如上海中心大厦为 57.8 万 m^2，金茂大厦为 29 万 m^2，中国尊为 43.7 万 m^2，迪拜的哈利法塔为 52 万 m^2。

2）高度高

由于建筑面积大，为了减少用地面积，大型建筑物必须向空中发展。上海中心大厦共 127 层，高 632m；金茂大厦 88 层，高 420.5m；中国尊 108 层，高 528m；迪拜的哈利法塔 169 层，高 828m。

3）有地下室

高层建筑除地上层外，由于基础和结构上的原因还有若干地下层。地下层一般作为水泵房、冷冻机房、变电所和汽车库等用房。

2．结构上的特点

（1）水平荷载是设计的主要因素。

（2）不仅要求结构具有足够的承载力，而且必须使结构具有足够的抵抗侧向力和刚度，使结构在水平力作用下所产生的侧向位移限制在规范规定的范围内。因此，高层建筑结构所需的侧向刚度由位移控制，结构 $P-\Delta$ 效应显著。且轴向变形和剪切变形不可忽略。

（3）重心高，地震作用倾覆力矩大，对竖向构件产生很大的附加轴力，$P-\Delta$ 效应造成附加弯矩更大。

（4）地基基础的承载力和刚度要与上部结构的承载力和刚度相适应。

3．设备上的特点

（1）与一般建筑相比，空调设备多，而且分散，一般在各房设有空调机。

（2）各种泵和电梯的数量多。

（3）需要消防用洒水设备、事故电源插座、事故用电梯等防灾用动力。

（4）因水压的关系，多数在中间层设有水泵站和水箱。

（5）为提高效率及投资效率，电梯分若干运行区，在中间层设有中转站及电梯间。

（6）需要设置航空障碍灯和避雷装置，尽量避免对广播及电视的影响。

4．电气上的特点

1）用电设备种类多，按其功能可作以下分类

（1）电气照明设备：包括客房、办公室、餐厅、厨房、商店、楼梯走道、庭园、节日、安全和疏散诱导照明等。

（2）电梯设备：包括客梯、货梯、消防梯、观光电梯、观景电梯、自动扶梯等。

（3）给水排水设备：生活水泵、排水泵、排污泵、冷却水泵和消防泵等。

（4）制冷设备：包括冷冻机、冷却塔风机、冷却泵、冷水泵等。

（5）锅炉房用电设备：包括鼓风机、引风机、给水泵、上煤机、供油泵、补水泵等。

（6）洗衣房用电设备：包括洗衣机、甩干机、熨平机、电熨斗等。

（7）厨房用电设备：包括小冷库、冰箱、抽风机、排风机和各种炊事机械等。

（8）客房用电设备：包括电冰箱、电视机、电动美容等。

（9）空调系统用电设备：包括送、回风机、风机盘管等。

（10）消防设备：包括排烟风机、正压风机等。

（11）弱电系统：包括电话站、广播站、消防中心、电视监控室、电脑监控室等用电设备。

2）耗电量多

高层建筑的用途不同，其用电量也有差别，但总的来说，耗电量大。我国内地高层住宅为 $10\sim35W/m^2$。香港地区为 $10\sim60W/m^2$，内地一些主要旅游饭店或宾馆大约为 $60\sim120W/m^2$，其中有空调的为 $70\sim120W/m^2$，无空调的为

$30\sim60W/m^2$。国外旅游宾馆一般为 $60\sim70VA/m^2$，高级宾馆为 $120\sim140VA/m^2$。国外办公大楼的负荷水平均为 $100W/m^2$。

3）供电可靠性大

根据高层建筑的特点，为了保障大楼内人员、设备的安全，对供电的可靠性提出了特殊要求。一般 20 层以下的公寓性住宅建筑的一般动力和照明负荷可按三级负荷处理，但消防用水、消防电梯和楼道照明应为二级负荷。20层以上公寓性住宅的负荷等应相应提高一级。

对于高层旅游饭店和办公用房，因其突然中断供电后影响大，所以大楼内的一般动力和照明负荷按一级负荷处理，由两个独立电源供电。

3.3.2　高层结构公共建筑的构造组成

高层公共建筑的构造组成与前面住宅中剪力墙架构的构造组成几乎是一样的，只是由于高层公共建筑比住宅的基础埋深更深，再加之自身高度特点，在建筑中经常会出现地下室和所有高层建筑都标配的电梯。本节就来着重讲一下地下室、电梯和屋顶的构造。

1. 地下室

1）地下室的构造组成

建筑物下部的地下使用空间称为地下室。地下室一般由墙身、底板、顶板、门窗、楼梯等部分组成。

2）地下室的分类

（1）按埋入地下深度的不同，可分为：全地下室和半地下室。全地下室是指地下室地面低于室外地坪的高度超过该房间净高的 1/2；半地下室是指地下室地面低于室外地坪的高度为该房间净高的 1/3~1/2。

（2）按使用功能不同，可分为：

①普通地下室：一般用作高层建筑的地下停车库、设备用房；根据用途及结构需要可做成一层或二、三层、多层地下室，地下室示意图如图 3-19 所示。

②人防地下室：结合人防要求设置的地下空间，用以应付战时情况下人员的隐蔽和疏散，并有具备保障人身安全的各项技术措施。

3）地下室防潮构造

当地下水的常年水位和最高水位均在地下室地坪标高以下时，须在地下室外墙外面设垂直防潮层。其做法是在墙体外表面先抹一层 20mm 厚的 1：2.5 水泥砂浆找平，再涂一道冷底子油和两道热沥青；然后在外侧回填低渗透性土壤，如黏土、灰土等，并逐层夯实，土层宽度为 500mm 左右，以防地面雨水或其他地表水的影响。另外，地下室的所有墙体都应设两道水平防潮层，一道设在地下室地坪附近，另一道设

图 3-19　地下室示意

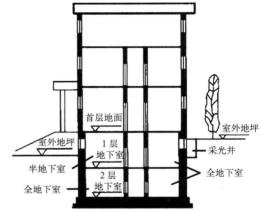

首层地面
室外地坪
1 层
地下室
半地下室
全地下室
2 层
地下室
室外地坪
采光井
全地下室

在室外地坪以上 150~200mm 处，使整个地下室防潮层连成整体，以防地潮沿地下墙身或勒脚处进入室内。

4）地下室防水构造

当设计最高水位高于地下室地坪时，地下室的外墙和底板都浸泡在水中，应考虑进行防水处理。常采用的防水措施有三种。

（1）沥青卷材防水

①外防水

外防水是将防水层贴在地下室外墙的外表面，这对防水有利，但维修困难。外防水的构造要点是：先在墙外侧抹 20mm 厚的 1：3 水泥砂浆找平层，并刷冷底子油一道，然后选定油毡层数，分层粘贴防水卷材，防水层须高出最高地下水位 500~1000mm 为宜。油毡防水层以上的地下室侧墙应抹水泥砂浆涂两道热沥青，直至室外散水处。垂直于防水层外侧砌半砖厚的保护墙一道。

②内防水

内防水是将防水层贴在地下室外墙的内表面，这样施工方便，容易维修，但对防水不利，故常用于修缮工程。

地下室地坪的防水构造是先浇混凝土垫层，厚约 100mm；再以选定的油毡层数在地坪垫层上做防水层，并在防水层上抹 20~30mm 厚的水泥砂浆保护层，以便于上面浇筑钢筋混凝土。为了保证水平防水层包向垂直墙面，地坪防水层必须留出足够的长度以便与垂直防水层搭接，同时要做好转折处油毡的保护工作，以免因转折交接处的油毡断裂而影响地下室的防水。

（2）防水混凝土防水

当地下室地坪和墙体均为钢筋混凝土结构时，应采用抗渗性能好的防水混凝土材料，常采用的防水混凝土有普通混凝土和外加剂混凝土。普通混凝土主要是采用不同粒径的骨料进行级配，并提高混凝土中水泥砂浆的含量，使砂浆充满于骨料之间，从而堵塞因骨料间不密实而出现的渗水通路，以达到防水目的。外加剂混凝土是在混凝土中渗入加气剂或密实剂，以提高混凝土的抗渗性能。

（3）弹性材料防水

随着新型高分子合成防水材料的不断涌现，地下室的防水构造也在更新，如我国目前使用的三元乙丙橡胶卷材，能充分适应防水基层的伸缩及开裂变形，拉伸强度高，拉断延伸率大，能承受一定的冲击荷载，是耐久性极好的弹性卷材；又如聚氨酯涂膜防水材料，有利于形成完整的防水涂层，对在建筑内有管道、转折和高差等特殊部位的防水处理极为有利。

3-7 高层结构公共建筑的楼梯与电梯课件

2. 电梯

1）电梯的类型

（1）按使用性质分

①客梯：主要用于人们在建筑物中的垂直联系。

②货梯：主要用于运送货物及设备。

③消防电梯：用于发生火灾、爆炸等紧急情况下安全疏散人员和消防人员紧急救援。

（2）按电梯行驶速度分

①高速电梯：速度大于2m/s，梯速随层数增加而提高，消防电梯常用高速。

②中速电梯：速度在2m/s之内，一般货梯按中速考虑。

③低速电梯：运送食物电梯常用低速，速度在1.5m/s以内。

（3）其他分类

有按单台、双台分；按交流电梯、直流电梯分；按轿厢容量分；按电梯门开启方向分等。

（4）观光电梯

观光电梯是把竖向交通工具和登高流动观景相结合的电梯。透明的轿厢使电梯内外景观相互沟通。

2）电梯的组成

（1）电梯井道

电梯井道是电梯运行的通道，井道内包括出入口、电梯轿厢、导轨、导轨撑架、平衡锤及缓冲器等。不同用途的电梯，井道的平面形式不同，图3-20所示是客梯、货梯、病床梯和小型杂物梯的井道平面形式。

（2）电梯机房

电梯机房一般设在井道的顶部。机房和井道的平面相对位置允许机房任意向一个或两个相邻方向伸出，并满足机房有关设备安装的要求。机房楼板应按机器设备要求的部位预留孔洞。

（3）井道地坑

井道地坑在最底层平面标高下≥1.4m，考虑电梯停靠时的冲力，作为轿厢下降时所需的缓冲器的安装空间。

（4）组成电梯的有关部件

①轿厢。是直接载人、运货的厢体。电梯轿厢应造型美观，经久耐用，当今轿厢采用金属框架结构，内部用光洁有色钢板壁面或有色有孔钢板壁面、花格钢板地面，荧光灯局部照明以及不锈钢操纵板等。入口处则采用钢材或坚硬铝材制成的电梯门槛。

②井壁导轨和导轨支架。是支承、固定轿厢上下升降的轨道。

③牵引轮及其钢支架、钢丝绳、平衡锤、轿厢开关门、检修起重吊钩等。

④有关电器部件。交流电动机、直流电动机、控制柜、继电器、选层器、动力、

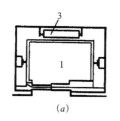 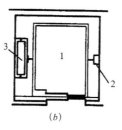 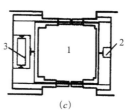

（a）　　　　　　（b）　　　　　　（c）　　　　　　（d）

图3-20　电梯分类及
　　井道平面
(a) 客梯（双扇推拉门）；
(b) 病床梯（双扇推拉门）；
(c) 货梯（中分双扇推拉门）；
(d) 小型杂物货梯；
1—电梯厢；2—导轨及撑架；3—平衡重

照明、电源开关、厅外层数指示灯和厅外上下召唤盒开关等。

3）电梯与建筑物相关部位的构造（图3-21）

（1）井道、机房建筑的一般要求

①通向机房的通道和楼梯宽度不小于1.2m，楼梯坡度不大于45°。

②机房楼板应平坦、整洁，能承受6kPa的均布荷载。

③井道壁多为钢筋混凝土井壁或框架填充墙井壁。井道壁为钢筋混凝土时，应预留150mm见方，150mm深孔洞，垂直中距2m，以便安装支架。

④框架（圈梁）上应预埋铁板，铁板后面的焊件与梁中钢筋焊牢。每层中间加圈梁一道，并需设置预埋铁板。

⑤电梯为两台并列时，中间可不用隔墙而按一定的间隔放置钢筋混凝土梁或型钢过梁，以便安装支架。

（2）电梯导轨支架的安装

安装导轨支架分预留孔插入式和预埋铁件焊接式。

4）电梯井道构造

（1）电梯井道的设计应满足如下要求

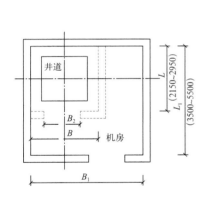

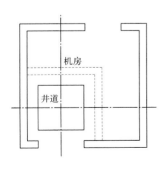

(a)

(b)

图 3-21　电梯构造示意

(a) 平面；
(b) 通过电梯门剖面（无隔声层）

①井道的防火

井道是建筑中的垂直通道，极易引起火灾的蔓延，因此井道四周应为防火结构。井道壁一般采用现浇钢筋混凝土或框架填充墙井壁。同时，当井道内超过两部电梯时，需用防火围护结构予以隔开。

②井道的隔振与隔声

电梯运行时产生振动和噪声。一般在机房机座下设弹性垫层隔振；在机房与井道间设高 1.5m 左右的隔声层（图 3—21）。

③井道的通风

为使井道内空气流通，火警时能迅速排除烟和热气，应在井道肩部和中部适当位置（高层时）及地坑等处设置不小于 300mm×600mm 的通风口，上部可以和排烟口结合，排烟口面积不少于井道面积的 3.5%。通风口总面积的 1/3 应经常开启。通风管道可在井道顶板上或井道壁上直接通往室外。

④其他

地坑应注意防水、防潮处理，坑壁应设爬梯和检修灯槽。

（2）电梯井道细部构造

电梯井道的细部构造包括厅门的门套装修（图 3—22）及厅门的牛腿（图 3—23）处理，导轨撑架与井壁的固结处理等。

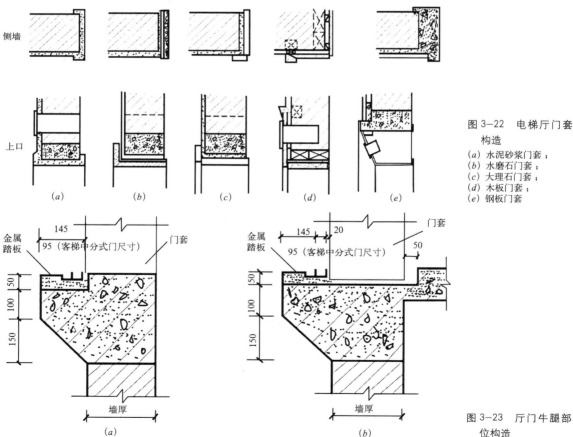

图 3—22 电梯厅门套构造
(a) 水泥砂浆门套；
(b) 水磨石门套；
(c) 大理石门套；
(d) 木板门套；
(e) 钢板门套

图 3—23 厅门牛腿部位构造

电梯井道可用砖砌加钢筋混凝土圈梁，但大多为钢筋混凝土结构。井道各层的出入口即为电梯间的厅门，在出入口处的地面应向井道内挑出一牛腿。

由于厅门系人流或货流频繁经过的部位，故不仅要求做到坚固适用，而且还要满足一定的美观要求。具体的措施是在厅门洞口上部和两侧装上门套。门套装修可采用多种做法，如水泥砂浆抹面、贴水磨石板、大理石板以及硬木板或金属板贴面。除金属板为电梯厂定型产品外，其余材料均系现场制作或预制。

5）自动扶梯

自动扶梯适用于有大量人流上下的公共场所，如车站、超市、商场、地铁车站等。自动扶梯可正、逆两个方向运行，可作提升及下降使用，机器停转时可作普通楼梯使用。

自动扶梯是电动机械牵动梯段踏步连同栏杆扶手带一起运转。机房悬挂在楼板下面。如图3-24所示。

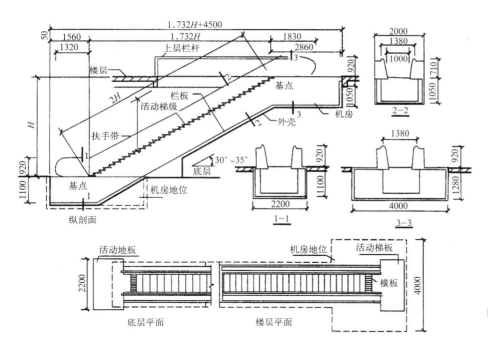

图3-24 自动扶梯基本尺寸

自动扶梯的坡道比较平缓，一般采用30°，运行速度为0.5~0.7m/s，宽度按输送能力有单人和双人两种。其型号规格见表3-7。

自动扶梯型号规格　　　　　　　　　　　　　表3-7

梯型	输送能力（人/h）	提升高度H	速度（m/s）	扶梯宽度	
				净宽B（mm）	外宽B_1（mm）
单人梯	5000	3~10	0.5	600	1350
双人梯	8000	3~8.5	0.5	1000	1750

3. 屋顶

1) 屋顶的类型

(1) 平屋顶

平屋顶通常是指排水坡度小于 5% 的屋顶，常用坡度为 2%~3%。图 3-25 所示为平屋顶常见的几种形式。

(2) 坡屋顶

坡屋顶通常是指屋面坡度大于 10%。坡屋顶常见的几种形式见图 3-26。

2) 屋顶的设计要求

(1) 要求屋顶起良好的围护作用，具有防水、保温和隔热性能。其中，防止雨水渗漏是屋顶的基本功能要求，也是屋顶设计的核心。

(2) 要求具有足够的强度、刚度和稳定性。能承受风、雨、雪、施工、上人等荷载，地震区还应考虑地震荷载对它的影响，满足抗震的要求，并力求做到自重轻、构造层次简单；就地取材、施工方便；造价经济、便于维修。

(3) 满足人们对建筑艺术即美观方面的需求。屋顶是建筑造型的重要组成部分，中国古建筑的重要特征之一就是有变化多样的屋顶外形和装修精美的屋顶细部，现代建筑也应注重屋顶形式及其细部设计。

3) 屋顶坡度选择

(1) 屋顶排水坡度的表示方法

常用的坡度表示方法有角度法、斜率法和百分比法。坡屋顶多采用斜率法，平屋顶多采用百分比法，角度法应用较少。

(2) 影响屋顶坡度的因素

①屋面防水材料与排水坡度的关系

防水材料如尺寸较小，接缝必然就较多，容易产生缝隙渗漏，因而屋面

3-8 屋顶的类型及坡度和排水方式

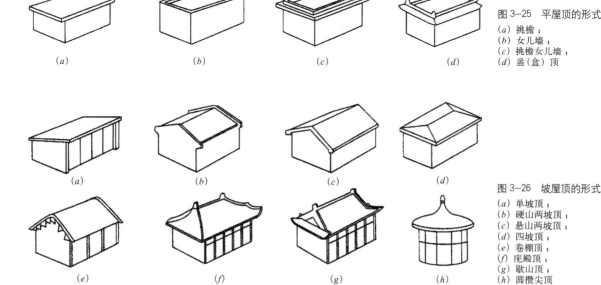

图 3-25 平屋顶的形式
(a) 挑檐；
(b) 女儿墙；
(c) 挑檐女儿墙；
(d) 盝(盒)顶

图 3-26 坡屋顶的形式
(a) 单坡顶；
(b) 硬山两坡顶；
(c) 悬山两坡顶；
(d) 四坡顶；
(e) 卷棚顶；
(f) 庑殿顶；
(g) 歇山顶；
(h) 圆攒尖顶

应有较大的排水坡度，以便将屋面积水迅速排除。如果屋面的防水材料覆盖面积大，接缝少而且严密，屋面的排水坡度就可以小一些。

②降雨量大小与坡度的关系

降雨量大的地区，屋面渗漏的可能性较大，屋顶的排水坡度应适当加大；反之，屋顶排水坡度则宜小一些。

（3）屋顶坡度的形成方法

①材料找坡

材料找坡是指屋顶坡度由垫坡材料形成，一般用于坡向长度较小的屋面。为了减轻屋面荷载，应选用轻质材料找坡，如水泥炉渣、石灰炉渣等。找坡层的厚度最薄处不小于 20mm。平屋顶材料找坡的坡度宜为 2%。

②结构找坡

结构找坡是屋顶结构自身带有排水坡度，平屋顶结构找坡的坡度宜为 3%。

材料找坡的屋面板可以水平放置，顶棚面平整，但材料找坡增加屋面荷载，材料和人工消耗较多；结构找坡无须在屋面上另加找坡材料，构造简单，不增加荷载，但顶棚顶倾斜，室内空间不够规整。这两种方法在工程实践中均有广泛的运用。

4）屋顶排水方式

（1）排水方式

①无组织排水

无组织排水是指屋面雨水直接从檐口滴落至地面的一种排水方式，因为不用天沟、雨水管等导流雨水，故又称自由落水。主要适用于少雨地区或一般低层建筑，相邻屋面高差小于 4m；不宜用于临街建筑和较高的建筑。

②有组织排水

有组织排水是指雨水经由天沟、雨水管等排水装置被引导至地面或地下管沟的一种排水方式。在建筑工程中应用广泛。

（2）排水方式选择

确定屋顶排水方式应根据气候条件、建筑物的高度、质量等级、使用性质、屋顶面积大小等因素加以综合考虑。

（3）有组织排水方案

在工程实践中，由于具体条件的千变万化，可能出现各式各样的有组织排水方案。现按外排水、内排水、内外排水三种情况归纳成九种不同的排水方案，如图 3-27 所示。

①外排水

外排水是指雨水管装设在室外的一种排水方案，其优点是雨水管不妨碍室内空间使用和美观，构造简单，因而被广泛采用。外排水方案可归纳成以下几种：

a. 挑檐沟外排水；

b. 女儿墙外排水；

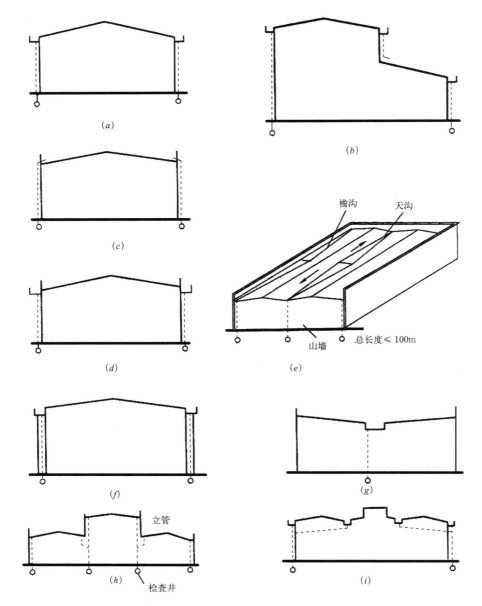

图 3-27 有组织排水
方案图

c. 女儿墙挑檐沟外排水；

d. 长天沟外排水；

e. 暗管外排水。

明装的雨水管有损建筑立面，故在一些重要的公共建筑中，雨水管常采取暗装的方式，把雨水管隐藏在假柱或空心墙中。假柱可以处理成建筑立面上的竖线条。

②内排水

外排水构造简单，雨水管不占用室内空间，故在南方应优先采用。但在有些情况下采用外排水并不恰当。例如，在高层建筑中就是如此，因维修室外雨水管既不方便，更不安全。又如在严寒地区也不适宜用外排水，因室外的雨水管有可能使雨水结冻，而处于室内的雨水管则不会发生这种情况。

　　a. 中间天沟内排水

　　当房屋宽度较大时，可在房屋中间设一纵向天沟形成内排水，这种方案特别适用于内廊式多层或高层建筑。雨水管可布置在走廊内，不影响走廊两旁的房间。

　　b. 高低跨内排水

　　高低跨双坡屋顶在两跨交界处也常常需要设置内天沟来汇集低跨屋面的雨水，高低跨可共用一根雨水管。

　　5）屋顶排水组织设计

　　屋顶排水组织设计的主要任务是将屋面划分成若干排水区，分别将雨水引向雨水管，做到排水线路简捷、雨水口负荷均匀、排水顺畅、避免屋顶积水而引起渗漏。一般按下列步骤进行。

　　（1）确定排水坡面的数目（分坡）

　　一般情况下，临街建筑平屋顶屋面宽度小于 12m 时，可采用单坡排水；其宽度大于 12m 时，宜采用双坡排水。坡屋顶应结合建筑造型要求选择单坡、双坡或四坡排水。

　　（2）划分排水区

　　划分排水区的目的在于合理地布置水落管。排水区的面积是指屋面水平投影的面积，每一根水落管的屋面最大汇水面积不宜大于 200m^2。雨水口的间距在 18~24m。

　　（3）确定天沟所用材料和断面形式及尺寸

　　天沟即屋面上的排水沟，位于檐口部位时又称檐沟。设置天沟的目的是汇集屋面雨水，并将屋面雨水有组织地迅速排除。天沟根据屋顶类型的不同有多种做法。如坡屋顶中可用钢筋混凝土、镀锌薄钢板、石棉水泥等材料做成槽形或三角形天沟。平屋顶的天沟一般用钢筋混凝土制作，当采用女儿墙外排水方案时，可利用倾斜的屋面与垂直的墙面构成三角形天沟（图 3—28）；当采用檐沟外排水方案时，通常用专用的槽形板做成矩形天沟（图 3—29）。

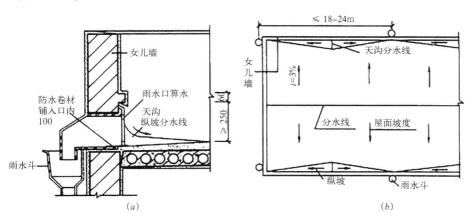

（a）　　　　　　　　　　　　（b）

图 3—28　平屋顶女儿墙外排水三角形天沟

（a）女儿墙断面图；
（b）屋顶平面图

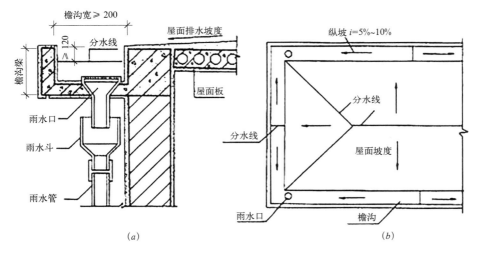

图 3—29 平屋顶檐沟
外排水矩形天沟
(a) 挑檐沟断面；
(b) 屋顶平面图

（4）确定水落管规格及间距

水落管按材料的不同有铸铁、镀锌薄钢板、塑料、石棉水泥和陶土等，目前多采用铸铁和塑料水落管，其直径有 50、75、100、125、150、200mm 几种规格，一般民用建筑最常用的水落管直径为 100mm，面积较小的露台或阳台可采用 50mm 或 75mm 的水落管。水落管的位置应在实墙面处，其间距一般在 18m 以内，最大间距宜不超过 24m，因为间距过大，则沟底纵坡面越长，会使沟内的垫坡材料增厚，减少了天沟的容水量，造成雨水溢向屋面引起渗漏或从檐沟外侧涌出。

平屋顶按屋面防水层的不同有刚性防水、卷材防水、涂料防水及粉剂防水屋面等多种做法。

6）卷材防水屋面

卷材防水屋面，是指以防水卷材和胶粘剂分层粘贴而构成防水层的屋面。卷材防水屋面所用卷材有沥青类卷材、高分子类卷材、高聚物改性沥青类卷材等。适用于各种防水等级的屋面防水。

（1）卷材防水屋面的构造层次和做法

卷材防水屋面由多层材料叠合而成，其基本构造层次按构造要求由结构层、找坡层、找平层、结合层、防水层和保护层组成。卷材防水屋面的构造组成和油毡防水屋面做法见图 3—30。

①结构层

通常为预制或现浇钢筋混凝土屋面板，要求具有足够的强度和刚度。

②找坡层（结构找坡和材料找坡）

材料找坡应选用轻质材料形成所需要的排水坡度，通常是在结构层上铺 1:(6~8) 的水泥焦渣或水泥膨胀蛭石等。

③找平层

柔性防水层要求铺贴在坚固而平整的基层上，因此必须在结构层或找坡层上设置找平层。

3—9 卷材防水屋面的
构造组成

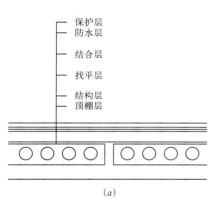

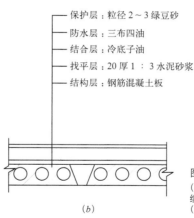

保护层：粒径 2～3 绿豆砂
防水层：三布四油
结合层：冷底子油
找平层：20 厚 1：3 水泥砂浆
结构层：钢筋混凝土板

保护层
防水层
结合层
找平层
结构层
顶棚层

(a)　　　　　　　　　　　　　　(b)

图 3-30　屋面防水构造
(a) 卷材防水屋面的构造组成；
(b) 油毡防水屋面做法

④结合层

结合层的作用是使卷材防水层与基层粘结牢固。结合层所用材料应根据卷材防水层材料的不同来选择，如油毡卷材、聚氯乙烯卷材及自粘型彩色三元乙丙复合卷材用冷底子油在水泥砂浆找平层上喷涂一至二道；三元乙丙橡胶卷材则采用聚氨酯底胶；氯化聚乙烯橡胶卷材需用氯丁胶乳等。冷底子油用沥青加入汽油或煤油等溶剂稀释而成，喷涂时不用加热，在常温下进行，故称冷底子油。

⑤防水层

防水层是由胶结材料与卷材粘合而成，卷材连续搭接，形成屋面防水的主要部分。当屋面坡度较小时，卷材一般平行于屋脊铺设，从檐口到屋脊层层向上粘贴，上下搭接不小于 70mm，左右搭接不小于 100mm。

油毡屋面在我国已有几十年的使用历史，具有较好的防水性能，对屋面基层变形有一定的适应能力，但这种屋面施工麻烦、劳动强度大，且容易出现油毡鼓泡、沥青流淌、油毡老化等方面的问题，使油毡屋面的寿命大大缩短，平均 10 年左右就要进行大修。

目前所用的新型防水卷材，主要有三元乙丙橡胶防水卷材、自粘型彩色三元乙丙复合防水卷材、聚氯乙烯防水卷材、氯化聚乙烯防水卷材、氯丁橡胶防水卷材及改性沥青油毡防水卷材等，这些材料一般为单层卷材防水构造，防水要求较高时可采用双层卷材防水构造。这些防水材料的共同优点是自重轻，适用温度范围广，耐气候性好，使用寿命长，抗拉强度高，延伸率大，冷作业施工，操作简便，大大改善劳动条件，减少环境污染。

⑥保护层

不上人屋面保护层的做法：当采用油毡防水层时为粒径 3～6mm 的小石子，称为绿豆砂保护层。绿豆砂要求耐风化、颗粒均匀、色浅；三元乙丙橡胶卷材采用银色着色剂，直接涂刷在防水层上表面；彩色三元乙丙复合卷材防水层直接用 CX-404 胶粘结，不需另加保护层。

上人屋面的保护层构造做法：通常可采用水泥砂浆或沥青砂浆铺贴缸砖、大阶砖、混凝土板等；也可现浇 40mm 厚 C20 细石混凝土。

（2）柔性防水屋面细部构造

屋顶细部是指屋面上的泛水、天沟、雨水口、檐口、变形缝等部位。

①泛水构造

泛水指屋顶上沿所有垂直面所设的防水构造，突出于屋面之上的女儿墙、烟囱、楼梯间、变形缝、检修孔、立管等的壁面与屋顶的交接处是最容易漏水的地方。必须将屋面防水层延伸到这些垂直面上，形成立铺的防水层，称为泛水。卷材防水屋面泛水构造如图3-31所示。

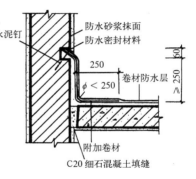

图3-31 卷材防水屋
面泛水构造

②檐口构造

柔性防水屋面的檐口构造有无组织排水挑檐和有组织排水挑檐沟及女儿墙檐口等，挑檐和挑檐沟构造都应注意处理好卷材的收头固定、檐口饰面并做好滴水。女儿墙檐口构造的关键是泛水的构造处理，其顶部通常做混凝土压顶，并设有坡度坡向屋面。檐口构造如图3-32所示。

③雨水口构造

雨水口的类型有用于檐沟排水的直管式雨水口和女儿墙外排水的弯管式雨水口两种。雨水口在构造上要求排水通畅、防止渗漏水堵塞。直管式雨水口为防止其周边漏水，应加铺一层卷材并贴入连接管内100mm，雨水口上用定型铸铁罩或钢丝球盖住，用油膏嵌缝。弯管式雨水口穿过女儿墙预留孔洞内，屋面防水层应铺入雨水口内壁四周不小于100mm，并安装铸铁箅子以防杂物流入造成堵塞。雨水口构造见图3-33。

7）刚性防水屋面

刚性防水屋面是指以刚性材料作为防水层的屋面，如防水砂浆、细石混凝土、配筋细石混凝土防水屋面等。这种屋面具有构造简单、施工方便、造价

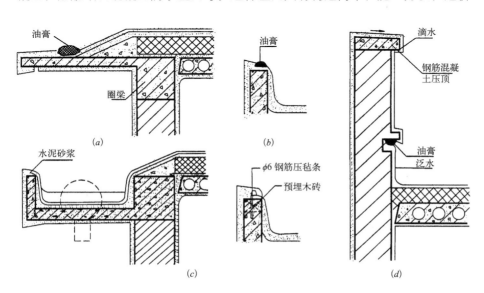

图3-32 檐口构造

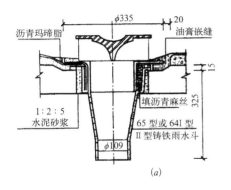 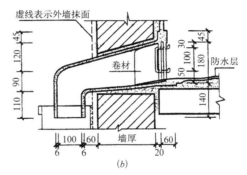

图 3-33　雨水口构造
(a) 直管式雨水口；
(b) 弯管式雨水口

低廉的优点，但对温度变化和结构变形较敏感，容易产生裂缝而渗水，故多用于我国南方地区的建筑。

（1）刚性防水屋面的构造层次及做法

刚性防水屋面一般由结构层、找平层、隔离层和防水层组成。

①结构层

刚性防水屋面的结构层要求具有足够的强度和刚度，一般应采用现浇或预制装配的钢筋混凝土屋面板，并在结构层现浇或铺板时形成屋面的排水坡度。

②找平层

为保证防水层厚薄均匀，通常应在结构层上用 20mm 厚的 1:3 水泥砂浆找平。若采用现浇钢筋混凝土屋面板或设有纸筋灰等材料时，也可不设找平层。

③隔离层

为减少结构层变形及温度变化对防水层的不利影响，宜在防水层下设置隔离层。隔离层可采用纸筋灰、低强度等级砂浆或薄砂层上干铺一层油毡等。当防水层中加有膨胀剂类材料时，其抗裂性有所改善，也可不做隔离层。

④防水层

常用配筋细石混凝土防水屋面的混凝土强度等级应不低于 C20，其厚度宜不小于 40mm，双向配置 $\phi4\sim\phi6.5$ 钢筋，间距为 100~200mm 的双向钢筋网片。为提高防水层的抗渗性能，可在细石混凝土内掺入适量外加剂（如膨胀剂、减水剂、防水剂等）以提高其密实性能。

（2）刚性防水屋面细部构造

刚性防水屋面的细部构造包括屋面防水层的分格缝、泛水、檐口、雨水口等部位的构造处理。

①屋面分格缝

屋面分格缝实质上是在屋面防水层上设置的变形缝。其目的在于：防止温度变形引起防水层开裂；防止结构变形将防水层拉坏。因此，屋面分格缝的位置应设置在温度变形允许的范围以内和结构变形敏感的部位。一般情况下分格缝间距不宜大于 6m。结构变形敏感的部位主要是指装配式屋面板的支承端、屋面转折处、现浇屋面板与预制屋面板的交接处、泛水与立墙交接处等部位。分格缝的位置见图 3-34。

分格缝的构造要点：a. 防水层内的钢筋在分格缝处应断开；b. 屋面板缝用浸过沥青的木丝板等密封材料嵌填，缝口用油膏等嵌填；c. 缝口表面用防水卷材铺贴盖缝，卷材的宽度为 200~300mm。分格缝的构造见图 3-35。

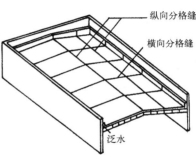

图 3-34　分格缝位置

②泛水构造

刚性防水屋面的泛水构造要点与卷材屋面基本相同。不同的地方是：刚性防水层与屋面突出物（女儿墙、烟囱等）间须留分格缝，另铺贴附加卷材盖缝形成泛水。

③檐口构造

刚性防水屋面檐口的形式一般有自由落水挑檐口、挑檐沟外排水檐口和女儿墙外排水檐口、坡檐口等。

a. 自由落水挑檐口

根据挑檐挑出的长度，有直接利用混凝土防水层悬挑和在增设的现浇或预制钢筋混凝土挑檐板上做防水层等做法。无论采用哪种做法，都应注意做好滴水。

b. 挑檐沟外排水檐口

檐沟构件一般采用现浇或预制的钢筋混凝土槽形天沟板，在沟底用低强度等级的混凝土或水泥炉渣等材料垫置成纵向排水坡度，铺好隔离层后再浇筑防水层，防水层应挑出屋面并做好滴水。

c. 坡檐口

建筑设计中出于造型方面的考虑，常采用一种平顶坡檐即"平改坡"的处理形式，使较为呆板的平顶建筑具有某种传统的韵味，以丰富城市景观。

④雨水口构造

刚性防水屋面的雨水口有直管式和弯管式两种做法，直管式一般用于挑檐沟外排水的雨水口，弯管式用于女儿墙外排水的雨水口。

a. 直管式雨水口

直管式雨水口为防止雨水从雨水口套管与沟底接缝处渗漏，应在雨水口周边加铺柔性防水层并铺至套管内壁，檐口处浇筑的混凝土防水层应覆盖于附加的柔性防水层之上，并于防水层与雨水口之间用油膏嵌实。

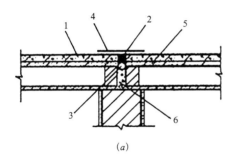

(a)

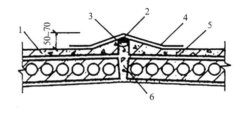

(b)

图 3-35　分格缝构造
(a) 横向分格缝；
(b) 屋脊分格缝
1—刚性防水层；
2—密封材料；
3—衬垫材料；
4—卷材防水层；
5—隔离层；
6—细石混凝土灌缝

b．弯管式雨水口

弯管式雨水口一般用铸铁做成弯头。雨水口安装时，在雨水口处的屋面应加铺附加卷材与弯头搭接，其搭接长度不小于100mm，然后浇筑混凝土防水层，防水层与弯头交接处需用油膏嵌缝。

8）涂膜防水屋面

涂膜防水屋面又称涂料防水屋面，是指用可塑性和粘结力较强的高分子防水涂料，直接涂刷在屋面基层上形成一层不透水的薄膜层以达到防水目的的一种屋面做法。防水涂料有塑料、橡胶和改性沥青三大类，常用的有塑料油膏、氯丁胶乳沥青涂料和焦油聚氨酯防水涂膜等。这些材料多数具有防水性好、粘结力强、延伸性大、耐腐蚀、不易老化、施工方便、容易维修等优点。近年来应用较为广泛。这种屋面通常适用于不设保温层的预制屋面板结构，如单层工业厂房的屋面。在有较大振动的建筑物或寒冷地区则不宜采用。

（1）涂膜防水屋面的构造层次和做法

涂膜防水屋面的构造层次与柔性防水屋面相同，由结构层、找坡层、找平层、结合层、防水层和保护层组成。

涂膜防水屋面的常见做法是，结构层和找坡层材料做法与柔性防水屋面相同。找平层通常为25mm厚1：2.5水泥砂浆。为保证防水层与基层粘结牢固，结合层应选用与防水涂料相同的材料经稀释后满刷在找平层上。当屋面不上人时保护层的做法根据防水层材料的不同，可用蛭石或细砂撒面、银粉涂料涂刷等做法；当屋面为上人屋面时，保护层做法与柔性防水上人屋面做法相同。

（2）涂膜防水屋面细部构造

①分格缝构造

涂膜防水只能提高表面的防水能力，由于温度变形和结构变形会导致基层开裂而使得屋面渗漏，因此对屋面面积较大和结构变形敏感的部位，需设置分格缝。

②泛水构造

涂膜防水屋面泛水构造要点与柔性防水屋面基本相同，即泛水高度不小于250mm；屋面与立墙交接处应做成弧形；泛水上端应有挡雨措施，以防渗漏。

9）平屋顶的保温与隔热

（1）平屋顶的保温

①保温材料类型

保温材料多为轻质多孔材料，一般可分为以下三种类型：

散料类：常用炉渣、矿渣、膨胀蛭石、膨胀珍珠岩等。

整体类：是指以散料作骨料，掺入一定量的胶结材料，现场浇筑而成。如水泥炉渣、水泥膨胀蛭石、水泥膨胀珍珠岩及沥青膨胀蛭石和沥青膨胀珍珠岩等。

板块类：是指利用骨料和胶结材料由工厂制作而成的板块状材料，如加气混凝土、泡沫混凝土、膨胀蛭石、膨胀珍珠岩、泡沫塑料等块材或板材等。

保温材料的选择应根据建筑物的使用性质、构造方案、材料来源、经济指标等因素综合考虑确定。

②保温层的设置

平屋顶因屋面坡度平缓，适合将保温层放在屋面结构层上（刚性防水屋面不适宜设保温层）。

保温层通常设在结构层之上、防水层之下。保温卷材防水屋面与非保温卷材防水屋面的区别是增设了保温层，因构造需要相应增加了找平层、结合层和隔汽层。设置隔汽层的目的是防止室内水蒸气渗入保温层，使保温层受潮而降低保温效果。隔汽层的一般做法是在 20mm 厚的 1：3 水泥砂浆找平层上刷冷底子油两道作为结合层，结合层上做一布二油或两道热沥青隔汽层。

（2）平屋顶的隔热

①通风隔热屋面

通风隔热屋面是指在屋顶中设置通风间层，使上层表面起着遮挡阳光的作用，利用风压和热压作用把间层中的热空气不断带走，以减少传到室内的热量，从而达到隔热降温的目的。通风隔热屋面一般有架空通风隔热屋面和顶棚通风隔热屋面两种做法。

架空通风隔热屋面：通风层设在防水层之上，其做法很多，其中以架空预制板或大阶砖最为常见。架空通风隔热层设计应满足以下要求：架空层应有适当的净高，一般以 180~240mm 为宜；距女儿墙 500mm 范围内不铺架空板；隔热板的支点可做成砖垄墙或砖墩，间距视隔热板的尺寸而定。

顶棚通风隔热屋面：这种做法是利用顶棚与屋顶之间的空间作隔热层，顶棚通风隔热层设计应满足以下要求：顶棚通风层应有足够的净空高度，一般为 500mm 左右；需设置一定数量的通风孔，以利空气对流；通风孔应考虑防飘雨措施。

②蓄水隔热屋面

蓄水屋面是指在屋顶蓄积一层水，利用水蒸发时需要大量的汽化热，从而大量消耗晒到屋面的太阳辐射热，以减少屋顶吸收的热能，从而达到降温隔热的目的。蓄水屋面构造与刚性防水屋面基本相同，主要区别是增加了一壁三孔，即蓄水分仓壁、溢水孔、泄水孔和过水孔。蓄水隔热屋面构造应注意以下几点：合适的蓄水深度，一般为 150~200mm；根据屋面面积划分成若干蓄水区，每区的边长一般不大于 10m；足够的泛水高度，至少高出水面 100mm；合理设置溢水孔和泄水孔，并应与排水檐沟或水落管连通，以保证多雨季节不超过蓄水深度和检修屋面时能将蓄水排除；注意做好管道的防水处理。

③种植隔热屋面

种植屋面是在屋顶上种植植物，利用植被的蒸腾和光合作用，吸收太阳辐射热，从而达到降温隔热的目的。

3.3.3　高层结构公共建筑的结构设计概述

高层结构公共建筑的结构体系多种多样，框架、框架—剪力墙、框支—剪力墙、剪力墙和筒体结构都可以用来做高层建筑。从承重结构构件材料来看，目前高层建筑还以钢筋混凝土结构为主，但随着高度的不断攀升，绿色节能要求的不断提高，钢结构和组合结构在高层建筑，尤其是超高层建筑中层出不穷。

高层建筑在进行结构设计时最主要考虑的是水平作用力对结构的影响。水平作用主要是由风和地震产生的。

1. 抗风设计

1）风对建筑物的作用

（1）产生风压。垂直于建筑物表面上的风荷载标准值的计算公式如下：

$$W_k = \beta_z \mu_s \mu_z w_0 \tag{3-8}$$

式中　　W_k——风荷载标准值（kN/m²）；

　　　　β_z——高度 z 处的风振系数；

　　　　μ_s——风荷载体形系数；

　　　　μ_z——风压高度变化系数；

　　　　w_0——基本风压（kN/m²）。

3-10 高层结构公共建筑的结构设计概述课件

（2）产生振动。风荷载产生的振动包括：共振、驰振、颤振、扰振和扭转发散振动。

2）风作用的特点

（1）与建筑外形有关，尤其是建筑的平面形状，而且在建筑物的不同位置，风作用的大小也不一致。

（2）与周围环境有关，风作用的大小与建筑物所在场地的地面粗糙度有关。地面粗糙度可分为四类：A 类指近海海面和海岛、海岸、湖岸及沙漠地区；B 类指田野、乡村、丛林、丘陵以及房屋比较稀疏的乡镇；C 类指有密集建筑群的城市市区；D 类指有密集建筑群且房屋较高的城市市区。越是空旷的地区，受风荷载的影响越大。

（3）具有静力作用与动力作用两重性，而且在建筑表面非均匀分布。

（4）作用持续时间长，风作用估算较可靠。

3）风作用的结果

（1）使结构开裂或留下较大残余变形；

（2）使建筑产生摇晃，居住不舒适；

（3）使围护结构和装修破坏；

（4）使结构产生疲劳破坏。

4）抗风设计原则

保证结构强度，可靠承受内力；保证结构刚度，严格控制侧移；选择合理建筑体形，优化结构体系；保证围护结构强度，加强构件连接。

5）减小风振的措施：

采用合理的建筑体形；建筑物安装阻尼装置；采用反向变形的措施。

2. 抗震设计

1）地震作用及其特点

（1）地震作用：指由地震动引起的结构动态作用，分水平地震作用和竖向地震作用。在结构设计中，为了增强结构抗御地震灾害的能力，早在19世纪就有许多学者研究地震作用的理论。到目前为止，以规范形式肯定下来的先后有静力理论和反应谱理论，此外，在一些重要工程中，往往直接通过地震反应时程分析来改进结构的抗震设计。

20世纪初，日本首先提出水平最大加速度是地震破坏的重要因素。把地面运动最大加速度（a）和重力加速度（g）的比值K定义为"水平烈度"，即当房屋质量为M时，水平地震力为KM；可理解为以房屋质量K倍的水平力破坏房屋的静止状态。静力理论曾被很多国家接受，直到现在个别国家还在某些结构设计中应用。

20世纪30年代初期，美国首先提出了反应谱概念。1943年M·A·毕奥发表了以海伦娜等地地震为例的几条加速度谱曲线，用扭摆模拟方法绘制，横坐标为单质点体系的自振周期，纵坐标为体系质点的最大加速度值，这就是加速度反应谱。显然，输入相同的地震记录，最大加速度值随体系自振周期的改变而变化。如果把数量足够多的实际地面运动记录作为输入，可以得到多条类似的曲线，然后经过统计分析可以确定一条或数条随场地土质条件变化的标准反应谱曲线以供设计应用，这就是反应谱理论。自20世纪50年代起，美国和苏联开始采用反应谱理论，目前大多数国家的规范都采用了。中国自20世纪50年代中期开始在抗震设计中采用反应谱理论。

在抗震设计中，有时还要直接进行确定性的地震反应时程分析。在进行分析时，除需选择合适的地震记录外，还要确定结构的力学模型、结构构件的恢复力特性和计算方法。在地震反应时程分析中，对刚度中心与质量中心不重合的结构，要考虑水平地面运动输入引起的结构扭转；对某些高耸结构，特别是质量分布不均并位于震中区附近的高耸结构，要考虑竖向地面运动的作用；对较长的结构还要考虑沿结构不同长度处的地面影响。

（2）地震的特点：地震的特点呈现随机性和多发性，强烈地震会对建筑物造成极大的破坏。

2）有利抗震的房屋体形

（1）均匀的平面变化

①平面形状的选定。最好是方形，矩形，圆形；正六边形，正八边形；椭圆形次之；较差的是复杂平面。

②平面形状的规定。限制平面突出部分的尺寸见表3-8。

限制平面突出部分的尺寸表   表3-8

设防烈度	l/d	l/d'	t/b	t'/d'
6、7度	6	5	2	1
8、9度	5	4	1.5	1

（2）均匀的立面变化

①设计原则：选择截锥体渐变立面，避免阶梯形突变立面。

②震害分析：倒梯形上刚下柔，大底盘容易扭转。

③设计规定：立面收进 $d'/d \geqslant 0.75$。

（3）合适的房屋高度

①震害分析：高度大，所受地震作用和倾覆力矩大。

②设计规定：根据各种材料和体系确定合适的建筑高度。

（4）恰当的高宽比

按结构体系和地震烈度确定：$H/B \leqslant 6$；条形建筑：3~4；筒体和剪力墙结构：4~5；抗震设防烈度 $\geqslant 8$ 度时，宜适当减小。

（5）足够的基础埋深

采用天然地基，埋深 $\geqslant 1/15H$；采用桩基，埋深 $\geqslant 1/18H$。

3）合理的结构布置

（1）结构力求对称

考虑到非对称结构的扭转效应，结构布置时尽量采用对称结构；合理地进行抗推构件的布置，竖筒位置要居中并对称，抗震墙沿周边布置。

（2）结构竖向等强

考虑到非等强结构容易出现侧移突变，因此要避免出现柔弱底层，竖向承力构件不得中断和突变，并且同楼层柱要等刚度。

（3）屋顶塔楼合理

计算时放大地震作用；构造上提高结构延性。

4）恰当的结构材料

（1）对于抗震要求高的建筑物，其材料应具备：延性系数高、"强度／重力"比值大、匀质性好等性能，构件连接具备整体性、连续性和较好的延性。

（2）根据对材料的要求可知，钢结构的抗震性能是最好的，其次是型钢混凝土和钢—混凝土组合结构，钢筋混凝土结构在采取一定抗震措施的基础上也可以达到较好的抗震效果，抗震效果最差的就是砌体结构了。对于常见的钢筋混凝土结构，从施工角度来讲，现浇结构的抗震性能优于装配式结构。

（3）结构材料的质量要求：

①砌体结构材料应符合下列规定：

a. 普通砖和多孔砖的强度等级不应低于 MU10，其砌筑砂浆强度等级不应低于 Mb5；

b. 混凝土小型空心砌块的强度等级不应低于 MU7.5，其砌筑砂浆强度等级不应低于 Mb7.5。

②混凝土结构材料应符合下列规定：

a. 混凝土的强度等级，框支梁、框支柱及抗震等级为一级的框架梁、柱、节点核芯区，不应低于 C30；构造柱、芯柱、圈梁及其他各类构件不应低于 C20。

b.抗震等级为一、二、三级的框架和斜撑构件（含梯段），其纵向受力钢筋采用普通钢筋时，钢筋的抗拉强度实测值与屈服强度实测值的比值不应小于1.25；钢筋的屈服强度实测值与屈服强度标准值的比值不应大于1.3，且钢筋在最大拉力下的总伸长率实测值不应小于9%。

③钢结构材料应符合下列规定：

a.钢材的屈服强度实测值与抗拉强度实测值的比值不应大于0.85；

b.钢材应有明显的屈服台阶，且伸长率不应小于20%；

c.钢材应有良好的焊接性和合格的冲击韧性。

④结构材料性能指标尚宜符合下列要求：

a.普通钢筋宜优先采用延性、韧性和焊接性较好的钢筋；普通钢筋的强度等级，纵向受力钢筋宜选用符合抗震性能指标的不低于HRB400级的热轧钢筋，及同级别符合抗震性能指标的热轧钢筋；箍筋宜选用符合抗震性能指标的不低于HRB400级的热轧钢筋。

b.混凝土结构的混凝土强度等级，抗震墙不宜超过C60，其他构件，9度时不宜超过C60，8度时不宜超过C70。

c.钢结构的钢材宜采用Q235等级B、C、D的碳素结构钢及Q345等级B、C、D、E的低合金高强度结构钢；当有可靠依据时，尚可采用其他钢种和钢号。

5）延性设计

（1）结构延性包括：结构总体延性、结构楼层延性、构件延性和杆件延性。

（2）提高延性的重点：

①高度方向，提高柔弱层处的构件延性；

②在平面位置，提高转角突变处的构件延性；

③多道抗侧时，重点提高第一道防线的构件延性；

④同一构件中，重点提高关键杆件的延性；

⑤同一杆件中，重点提高预期屈服部位的延性。

（3）构件延性的保证包括：足够的截面尺寸、适宜的结构配筋和可靠的构造措施。

3.高层公共建筑楼板

1）压型钢板混凝土楼板

压型钢板混凝土楼板于20世纪60年代前后在欧美、日本等国多层及高层建筑中得到了广泛应用。在实际应用中压型钢板混凝土楼板又分为两种形式，一种为非组合楼板，另一种是组合楼板。在施工阶段二者的作用是一样的，压型钢板作为浇筑混凝土板的模板，即不拆卸的永久性模板，合理设计后，不需要设置临时支撑，即由压型钢板承受湿混凝土板重量和施工活荷载。二者区别主要在于使用阶段，非组合楼板中梁上混凝土不参与钢梁的受力，按普通混凝土楼板计算承载力，而组合楼板中考虑混凝土楼板与钢梁共同工作，同时钢梁的刚度也有了提高，为保证压型钢板和混凝土叠合面之间的剪力传递，须在压型钢板上增加纵向波槽、压痕或横向抗剪钢筋等。

（1）压型钢板混凝土楼板特点

在钢结构设计中，采用压型钢板与混凝土组合楼板具有多项优点：

①合理的设计后，可不设施工专用的模板系统，实现多层同时施工作业，大大加快施工进度。

②压型钢板的凹槽内可铺设通信、电力、通风、采暖等管线，吊顶方便。

③压型钢板便于运输、堆放，安装方便，不需拆卸，火灾危险性小。

④施工时可起增强钢梁侧向稳定性作用，在组合楼板中压型钢板可以作受拉钢筋使用。

在另一方面，压型钢板组合楼盖对建筑物也有一些不利的因素：

①用压型钢板后，增加了材料的费用，尤其是镀锌压型钢板，本身造价较高，需要进行防火处理。

②楼板中增加了压型钢板，楼层净高有少量的降低，按每层 75mm 计，24 层大楼合计为 1.8m。

③压型钢板目前还没有国家标准，每个生产厂商都有各自的一套技术资料，给设计人员带来不便。

（2）压型钢板混凝土组合板的构造要求

压型钢板混凝土组合楼板根据结构布置方案的不同主要有板肋垂直于主梁、板肋平行于主梁两种形式，如图 3-36 所示。

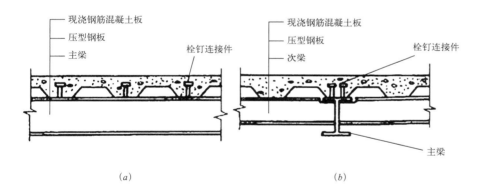

（a）　　　　　　　　　　　　　　　（b）

图 3-36　压型钢板组合楼盖
(a) 板肋垂直于主梁（不设次梁）；
(b) 板肋平行于主梁（设有次梁）

在对压型钢板混凝土组合板进行验算的同时，其截面尺寸及配筋要求还应满足以下的构造要求：

当考虑组合板中压型钢板的受力作用时，压型钢板（不包括镀锌层和饰面层）的净厚度不应小于 0.75mm，浇筑混凝土的平均槽宽不应小于 50mm。当在槽内设置栓钉抗剪连接时，压型钢板的总高度（包括压痕）不应大于 80mm。

组合板的总厚度不应小于 90mm，压型钢板顶部的混凝土厚度不应小于 50mm，混凝土强度等级不宜低于 C20。浇筑混凝土的骨料大小不应超过压型钢板顶部的混凝土厚度的 0.4 倍、平均槽宽 /3 及 30mm。

组合板在下列情况下，应配置钢筋：

①当仅考虑压型钢板，组合板的承载力不满足设计要求时，应在板内混凝土中配置附加的抗拉钢筋；

②在连续组合板或悬臂组合板的负弯矩区应配置连续钢筋；

③在集中荷载区段和孔洞周围应配置分布钢筋；

④为改善防火效果，增加抗拉钢筋。

连续组合板按简支板设计时，抗裂钢筋截面不应小于混凝土截面的0.2%；从支撑边缘算起，抗裂筋的长度不应小于跨度的1/6，且必须与至少5根分布筋相交。抗裂钢筋最小直径为4mm，最大间距为150mm，顺肋方向抗裂钢筋的保护层厚度为20mm。与抗裂钢筋垂直的分布筋直径不应小于抗裂钢筋的2/3，其间距不应大于抗裂钢筋的1.5倍。

2）自承式钢筋桁架压型钢板组合楼面

自承式钢筋桁架压型钢板组合楼面，利用混凝土楼板的上下层纵向钢筋，与弯折成型的钢筋焊接，组成能够承受荷载的小桁架，组成一个在施工阶段无需模板的能够承受湿混凝土及施工荷载的结构体系。在使用阶段，钢筋桁架成为混凝土楼板的配筋，能够承受使用荷载。图3-37所示为自承式钢筋桁架压型钢板组合楼面图例。

钢筋桁架压型钢板组合楼面特点

钢筋桁架压型钢板组合楼面作为一种合理的楼板形式，在国外工程中已广泛采用。其又具有自身的特点及优势。

①使用范围广

适用于工业建筑和公共建筑以及住宅，满足抗震规范对不大于9度地震区楼板的要求。

②提高工程质量，改善楼板的使用性能

a. 钢筋间距均匀，混凝土保护层厚度容易控制；

b. 由于腹杆钢筋的存在，与普通混凝土叠合板相比，钢筋桁架混凝土叠合板具有更好的整体工作性能；

c. 楼板下表面平整，便于作饰面处理，符合用户对室内顶板的感观要求。

③缩短工期

施工阶段，钢筋桁架压型钢板可作为施工操作平台和现浇混凝土的底模，取消了繁琐的模板工程。

3.3.4 高层结构公共建筑的质量要求与检验

钢筋混凝土结构的质量要求与检验前面已讲述过了，此处重点讲一下高层钢结构的质量要求与检验。

1. 主控项目

（1）钢构件应符合设计要求、规范和本工艺标准的规定。运输、堆放和吊装等造成的构件变形及涂层脱落，应进行矫正和修补。

检查数量：按构件数抽查10%，且不应少于3个。

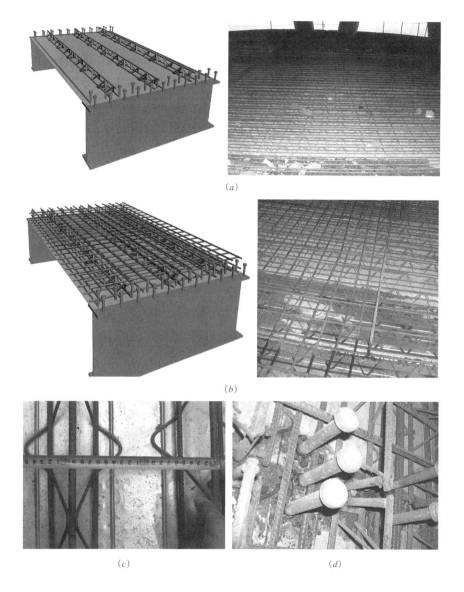

图 3-37　自承式钢筋桁
架压型钢板组合楼面
(a) 钢筋绑扎前；
(b) 钢筋绑扎后；
(c) 自承式钢筋桁架压型
钢板；
(d) 栓钉与钢梁的栓焊连接

检验方法：用拉线、钢尺现场实测或观测。

（2）柱子安装的允许偏差应符合相关规定。

检查数量：标准柱全部检查；非标准柱抽查 10%，且不应少于三根。

检验方法：采用全站仪、经纬仪、水准仪和钢尺实测。

（3）钢主梁、次梁及受压杆件的垂直度和侧向弯曲矢高的允许偏差应符合表相关规定。

检查数量：按同类构件数抽查 10%，且不应少于 3 个。

检验方法：用吊线、拉线、经纬仪和钢尺现场实测。

（4）设计要求顶紧的节点，接触面不应少于 70% 紧贴，且边缘最大间隙不应大于 0.8mm。

检查数量：按节点数抽查 10%，且不应少于 3 个。

检验方法：用钢尺及 0.3mm 和 0.8mm 的塞尺现场实测。

(5) 多层与高层钢结构主体结构的整体垂直度和整体平面弯曲的允许偏差应符合规范规定。

检查数量：对主要立面全部检查。对每个所检查的立面，除两列角柱外，还应至少选取一列中间柱。

检验方法：对于整体垂直度，可采用激光经纬仪、全站仪测量，也可根据各节柱的垂直度允许偏差累计（代数和）计算。对于整体平面弯曲，可按产生的允许偏差累计（代数和）计算。

2．一般项目

(1) 钢结构表面应干净，结构主要表面不应有疤痕、泥砂等污垢。

检查数量：按同类构件数抽查 10%，且不应少于 3 件。

检验方法：观察检查。

(2) 钢柱等主要构件的中心线及标高基准点等标记应齐全。

检查数量：按同类构件数抽查 10%，且不应少于 3 件。

检验方法：观察检查。

(3) 钢构件安装的允许偏差应符合规范的规定。

检查数量：按同类构件或节点数抽查 10%。其中，柱和梁各不应少于 3 件，主梁与次梁连接节点不应少于 3 个，支承压型金属板的钢梁长度不应少于 5m。

检验方法：采用全站仪、水准仪、钢尺实测。

(4) 主体结构总高度的允许偏差应符合表 3-9 的规定。

多层与高层钢结构安装的允许偏差表　　　　表3-9

项目	允许偏差 (mm)	图例
钢结构定位轴线	$L/20000$，且不应大于 ± 3.0	
柱定位轴线	1.0	
地脚螺栓中心偏移	5.0	
柱底座中心线对定位轴线偏移	5.0	

项目	允许偏差（mm）	图例
上柱和下柱扭转	3.0	
基础上柱底标高	±3.0	
单节柱的垂直度	$H/1000$ 10.0	
同一层柱的柱顶高度差	5.0	
同一根梁两端顶面高差	$L/1000$， 且不大于10.0	
压型钢板在钢梁上的相邻列错位	≤15.0	
主体结构整体平面弯曲	$L/1500$， 且不大于50.0	
60m以下的多高层主体结构立面整体偏移	$H/2500+10.0$ 且不大于30.0	
主梁与次梁表面高度	±2.0	
建筑物总高度	按相对标高安装	$\pm\sum_1^n(\Delta h+\Delta z+\Delta w)$	
	按设计标高安装	$\pm H/1000$ ±30.0	

注：表中，Δh为柱的制造长度允许误差；Δz为柱经荷载压缩后的缩短值；Δw为柱子接头焊缝的收缩值。

检查数量：按标准柱列数抽查10%，且不应少于4列。

检验方法：采用全站仪、水准仪、钢尺实测。

（5）当钢构件安装在混凝土柱上时，其支座中心对定位轴线的偏差不应大于 10mm；当采用大型混凝土屋面板时，钢梁（或桁架）间距的偏差不应大于 10mm。

检查数量：按同类构件数抽查 10%，且不应少于 3 榀。

检验方法：用拉线和钢尺现场实测。

（6）多层与高层钢结构中钢平台、钢梯、栏杆安装应符合现行国家标准《固定式钢梯及平台安全要求 第 1 部分：钢直梯》GB 4053.1—2009、《固定式钢梯及平台安全要求 第 2 部分：钢斜梯》GB 4053.2—2009、《固定式钢梯及平台安全要求 第 3 部分：工业防护栏杆及钢平台》GB 4053.3—2009 的规定。钢平台、钢梯和防护栏杆安装的允许偏差应符合表 3-10 的规定。

钢平台、钢梯和防护栏杆安装的允许偏差（mm）　　　　　　表3-10

项目	允许偏差	检验方法
平台高度	±10.0	用水准仪检查
平台梁水平度	L/1000，且不大于10.0	用水准仪检查
平台支柱垂直度	H/1000，且不大于5.0	用经纬仪或吊线和钢尺检查
承重平台梁侧向弯曲	L/1000，且不大于10.0	用拉线和钢尺检查
承重平台梁垂直度	H/250，且不大于10.0	用吊线和钢尺检查
直梯垂直度	L/1000，且不大于15.0	用吊线和钢尺检查
栏杆高度	±5.0	用钢尺检查
栏杆立柱间距	±5.0	用钢尺检查

注：L 为平台梁长度、直梯的高度；H 为平台梁的高度、平台支柱的高度。

检查数量：按钢平台总数抽查 10%，栏杆、钢梯按总长度各抽查 10%，但钢平台不应少于 1 个，栏杆不应少于 5m，钢梯不应少于 1 跑。

检验方法：用经纬仪、水准仪、吊线和钢尺现场实测。

（7）多层与高层钢结构中现场焊缝组对间隙的允许偏差应符合表 3-11 的规定。

现场焊缝组对间隙的允许偏差（mm）　　　　　　表3-11

项目	允许偏差	检验方法
无垫板间隙	+3.0 0.0	—
有垫板间隙	+3.0 −2.0	—

检查数量：按同类节点数抽查 10%，且不应少于 3 个。

检验方法：用钢尺现场实测。

3.4　学习项目 4　空间结构公共建筑

当今公共建筑中，大空间结构越来越多，例如：体育场馆、音乐厅、航站楼、候车厅以及展览馆等。这些大空间建筑的结构形式，随着跨度的不断增大，也由传统的混凝土薄壳结构，向网架、网壳和管桁架结构发展。

3.4.1　空间结构公共建筑的特点

空间结构公共建筑最大的特点就是建筑物内部空间大，且不允许有较多的柱子。因此，结构跨度比前面讲到的各种建筑物的跨度要大得多。此外，随着人们审美观念的改变，以及设计理论的不断发展，空间结构的造型也在不断求新，这也给结构工程师和施工人员带来了巨大的挑战。

因此，目前空间结构的公共建筑大多采用钢结构空间网格结构。本节将对此进行重点讲述。

3.4.2　空间结构公共建筑的构造组成

1. 网架

网架是一种新型结构，不仅具有跨度大、覆盖面积大、结构轻、省料经济等特点，还具有良好的稳定性和安全性。因而网架结构一出现就引起人们极大的兴趣，尤其是大型的文化体育中心多数采用网架结构，国内如长春体育馆、上海体育馆、上海游泳馆和辽宁体育馆，都别具风采。网架结构的建筑结构新颖，造型雄伟壮观，场内没有柱子，视野开阔。

3-11 空间结构公共建筑－网架类型课件

在对网架结构进行分类时，采取不同的分类方法，可以划分出不同类型的网架结构形式。

1）按结构组成分类

（1）双层网架

双层网架是由上弦层、下弦层和腹杆层组成的空间结构，是最常用的一种网架结构。双层网架结构的形式很多，目前常用的平板网架有交叉桁架体系和空间桁架体系两大类。前者是由一些平行弦的平面桁架组成，杆件较多，但刚度也较大，因而对各种跨度建筑的适应性大，后者是由一些锥体形成的空间桁架所组成，杆件较少，因而刚度也较小；特别是抽去局部锥体后组成的网架杆件更少，构造特别简单，不过刚度也因此而减弱；所以这类平板网架只适用于中小跨度的建筑物。

（2）三层网架

三层网架是由上弦层、中弦层、下弦层、上腹杆层和下腹杆层等组成的空间结构。其特点是：提高网架高度，减小网格尺寸；减少弦杆内力，资料表明，三层网架比双层网架降低弦杆内力 25%~60%，扩大了螺栓球节点的应用范围；减少腹杆长度，一般情况下，三层网架腹杆长度仅为双层网架腹杆长度的一半，便于制作和安装。

三层网架也存在不足之处，就是节点和杆件数量增多，中层节点上的连接和杆件较密。计算表明：当网架跨度大于 50m 时，三层网架用钢量比双层网架用钢量省，且跨度越增加用钢量降低越显著。

（3）组合网架

根据不同材料各自的物理力学性质，使用不同的材料组成网架的基本单元，继而形成网架结构。一般是利用钢筋混凝土板良好的受压性能替代上弦杆。这种网架结构形式的刚度大，适宜于建造活动荷载较大的大跨度楼层结构。

2）按支承情况分类

（1）周边支承网架

周边支承网架是目前采用较多的一种形式，所有边界节点都搁置在柱或梁上，传力直接，网架受力均匀（图 3-38）。

当网架周边支承于柱顶时，网格宽度可与柱距一致；当网架支承于圈梁时，网格的划分比较灵活，可不受柱距影响。

（2）点支承网架

一般有四点支承和多点支承两种情形，由于支承点处集中受力较大，宜在周边设置悬挑，以减小网架跨中杆件的内力和挠度（图 3-39）。

（3）周边与点相结合支承的网架

在点支承网架中，当周边没有围护结构和抗风柱时，可采用点支承与周边支承相结合的形式。这种支承方法适用于工业厂房和展览厅等公共建筑（图 3-40）。

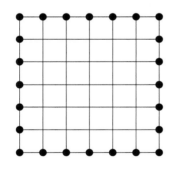
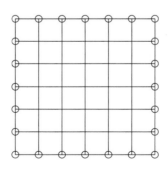

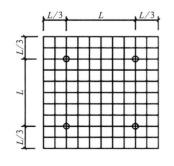
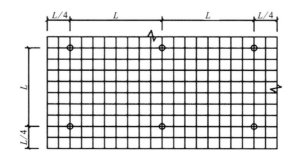

图 3-38　周边支承网架（上）

图 3-39　点支承网架（下）

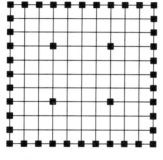

图 3—40　周边与点相
　　结合支承网架

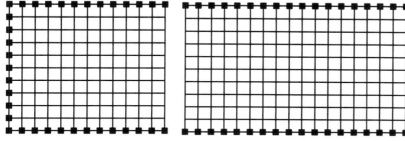

图 3—41　三边支承一
　　边开口或两边支承
　　两边开口

（4）三边支承一边开口或两边支承两边开口的网架

建筑功能的要求，在矩形平面的建筑中，由于考虑扩建的可能性或由于需要在一边或两对边上开口，因而使网架仅在三边或两对边上支承，另一边或两对边为自由边（图 3—41）。自由边的存在对网架的受力是不利的，为此应对自由边作出特殊处理。一级可在自由边附近增加网架层数或在自由边加设托梁或托架。对中、小型网架，亦可采用增加网架高度或局部加大杆件截面的办法予以加强。

（5）悬挑网架

为满足一些特殊的需要，有时候网架结构的支承形式为一边支承、三边自由，为使网架结构的受力合理，也必须在另一方向设置悬挑，以平衡下部支承结构的受力，使之趋于合理，比如体育场看台罩棚。

3）按照跨度分类

网架结构按照跨度分类时，我们把跨度 $L \leqslant 30m$ 的网架称之为小跨度网架；跨度 $30m < L \leqslant 60m$ 时为中跨度网架；跨度 $L > 60m$ 为大跨度网架。此外，随着网架跨度的不断增大，出现了特大跨度和超大跨度的说法，但目前还没有严格的定义。一般地，当 $L > 90m$ 或 120m 时称为特大跨度；当 $L > 150m$ 或 180m 时为超大跨度。

4）按网格形式分类

这是网架结构分类中最普遍采用的一种分类方式，根据《空间网格结构技术规程》JGJ 7—2010 的规定，我们目前经常采用的网架结构分为四个体系十三种网架结构形式。网架结构通常按照图 3—42 的形式进行表达。

（1）交叉平面桁架体系

这个体系的网架结构是由一些相互交叉的平面桁架组成，一般应使斜腹

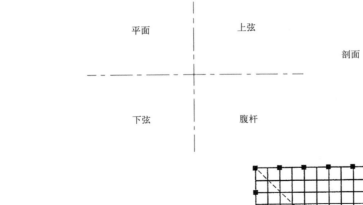

图 3—42 网架结构图
示图例

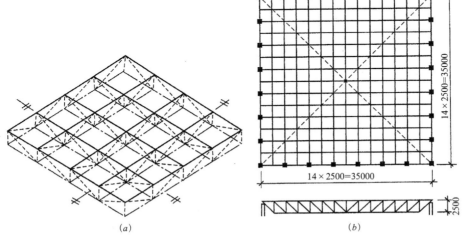

(a)   (b)

图 3—43 两向正交正
放网架
(a) 透视图；
(b) 平面、剖面图

杆受拉，竖杆受压，斜腹杆与弦杆之间夹角宜在 40°~60° 之间。该体系的网架有以下四种。

①两向正交正放

两向正交正放网架是由两组平面桁架互成 90° 交叉而成，弦杆与边界平行或垂直。上、下弦网格尺寸相同，同一方向的各平面桁架长度一致，制作、安装较为简便（图 3—43）。由于上、下弦为方形网格，属于几何可变体系，应适当设置上下弦水平支撑，以保证结构的几何不变性，有效地传递水平荷载。

两向正交正放网架适用于建筑平面为正方形或接近正方形，且跨度较小的情况。上海黄浦区体育馆（45m×45m）和保定体育馆（55.34m×68.42m）采用了这种网架结构形式。

②两向正交斜放网架

两向正交斜放网架由两组平面桁架互成 90° 交叉而成，弦杆与边界成 45° 角，边界可靠时，为几何不变体系（图 3—44）。各榀桁架长度不同，靠角部的短桁架刚度较大，对与其垂直的长桁架有弹性支撑作用，可以使长桁架中部的正弯矩减小，因而比正交正放网架经济。不过由于长桁架两端有负弯矩，四角支座将产生较大拉力。角部拉力应由两个支座负担。两向正交斜放网架适用于建筑平面为正方形或长方形的情况。首都体育馆（99m×112.2m）和山东体育馆（62.7m×74.1m）采用了这种网架结构形式。

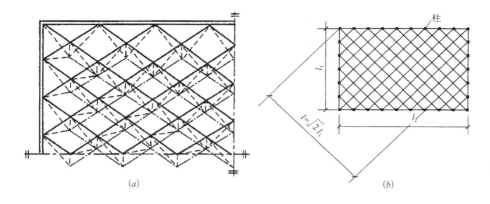

图 3-44 两向正交斜放网架

③两向斜交斜放网架

两向斜交斜放网架由两组平面桁架斜向相交而成，弦杆与边界成一斜角（图 3-45）。这类网架在网格布置、构造、计算分析和制作安装上都比较复杂，而且受力性能也比较差，除了特殊情况外，一般不宜使用。

④三向网架

三向网架由三组互成 60° 交角的平面桁架相交而成（图 3-46）。这类网架受力均匀，空间刚度大。但也存在一定的不足，即在构造上汇交于一个节点的杆件数量多，最多可达 13 根，节点构造比较复杂，宜采用圆钢管杆件及球节点。

图 3-45 两向斜交斜放网架

三向网架适用于大跨度（L>60m）而且建筑平面为三角形、六边形、多边形和圆形等形状比较规则的情况，上海体育馆（D=110m 圆形）和江苏体育馆（76.8m×88.681m 八边形）较早地采用了这种网架结构形式。

（2）四角锥体系

四角锥网架的上、下弦均呈正方形（或接近正方形的矩形）网格，相互错开半格，使下弦网格的角点对准上弦网格的形心，再在上下弦节点间用腹杆连接起来，即形成四角锥体系网架。四角锥体系网架有五种形式，分列如下：

①正放四角锥网架

正放四角锥网架由倒置的四角锥体组成，锥底的四边为网架的上弦杆，

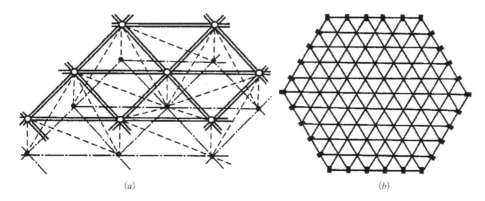

图 3-46 三向网架

锥棱为腹杆，各锥顶相连即为下弦杆。它的弦杆均与边界正交，故称为正放四角锥网架（图3—47）。

这类网架杆件受力均匀，空间刚度比其他类的四角锥网架及两向网架好。屋面板规格单一，便于起拱，屋面排水也较容易处理。但杆件数量较多，用钢量略高。

正放四角锥网架适用于建筑平面接近正方形的周边支承情况，也适用于屋面荷载较大、大柱距点支承及设有悬挂起重机的工业厂房情况。较为典型的工程实例如上海静安区体育馆（40m×40m）和杭州歌剧院（31.5m×36m）。

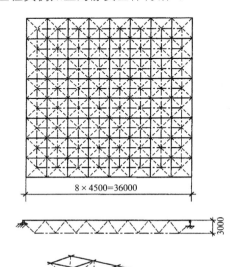

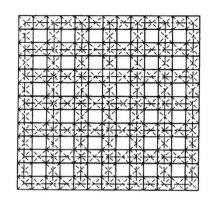

图3—47 正放四角锥网架（左）

图3—48 正放抽空四角锥网架（右）

②正放抽空四角锥网架

正放抽空四角锥网架是在正放四角锥网架的基础上，除周边网格不动外，适当抽掉一些四角锥单元中的腹杆和下弦杆，使下弦网格尺寸扩大一倍（图3—48）。其杆件数目较少，降低了用钢量，抽空部分可作采光天窗，下弦内力较正放四角锥约放大一倍，内力均匀性、刚度有所下降，但仍能满足工程要求。

正放抽空四角锥网架适用于屋面荷载较轻的中、小跨度网架。

石家庄铁路枢纽南站货棚（132m×132m，柱网24m×24m，多点支承）和唐山齿轮厂联合厂房（84m×156.9m，柱网12m×12m，周边支承与多点支承相结合）是采用这种网架形式较早的典型实例。

③斜放四角锥网架

斜放四角锥网架的上弦杆与边界成45°角，下弦正放，腹杆与下弦在同一垂直平面内（图3—49）。上弦杆长度约为下弦杆长度的0.707倍。在周边支承情况下，一般为上弦受压，下弦受拉。节点处汇交的杆件较少（上弦节点6根，下弦节点8根），用钢量较省。但因上弦网格斜放，屋面板种类较多，屋面排水坡的形成也较困难。

当平面长宽比为1~2.25之间时，长跨跨中下弦内力大于短跨跨中下弦内力；当平面长宽比大于 2.5 时，长跨跨中下弦内力小于短跨跨中下弦内力。当平面长宽比为 1~1.5 之间时，上弦杆的最大内力不在跨中，而是在网架 1/4 平面的中部。这些内力分布规律不同于普通简支平板的规律。

斜放四角锥网架当采用周边支承，且周边无刚性联系时，会出现四角锥体绕 Z 轴旋转的不稳定情况。因此，必须在网架周边布置刚性边梁。当为点支承时，可在周边布置封闭的边桁架。适用于中、小跨度周边支承，或周边支承与点支承相结合的方形或矩形平面情况。

上海体育馆练习馆（35m×35m，周边支承）和北京某机库（48m×54m，三边支承，开口）采用了这种网架结构形式。

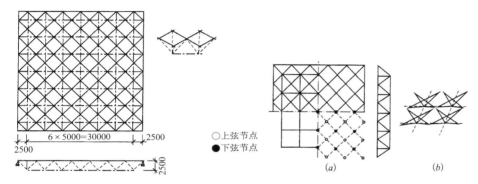

○上弦节点
●下弦节点

(a)   *(b)*

图 3-49　斜放四角锥
网架（左）
图 3-50　星形四角锥
网架（右）

④星形四角锥网架

这种网架的单元体形似星体，星体单元由两个倒置的三角形小桁架相互交叉而成（图 3-50）。两个小桁架底边构成网架上弦，它们与边界成 45°角。在两个小桁架交汇处设有竖杆，各单元顶点相连即为下弦杆。因此，它的上弦为正交斜放，下弦为正交正放，斜腹杆与上弦杆在同一竖直平面内。上弦杆比下弦杆短，受力合理。但在角部的上弦杆可能受拉。该处支座可能出现拉力。网架的受力情况接近交叉梁系，刚度稍差于正放四角锥网架。

星形四角锥网架适用于中、小跨度周边支承的网架。杭州起重机械厂食堂（28m×36m）和中国计量学院风雨操场（27m×36m）采用了这种网架结构形式。

⑤棋盘形四角锥网架

棋盘形四角锥网架是在斜放四角锥网架的基础上，将整个网架水平旋转 45°角，并加设平行于边界的周边下弦（图 3-51）；也具有短压杆、长拉杆的特点，受力合理；由于周边满锥，它的空间作用得到保证，受力均匀。棋盘形四角锥网架的杆件较少，屋面板规格单一，用钢指标良好。适用于小跨度周边支承的网架。

大同云岗矿井食堂（28m×18m）采用了这种网架结构形式。

（3）三角锥体系

这类网架的基本单元是一倒置的三角锥体。锥底的正三角形的三边为网

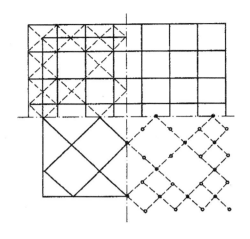
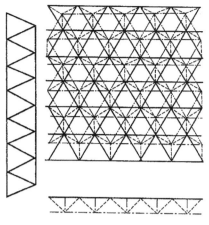

图 3—51　棋盘形四角
锥网架（左）
图 3—52　三角锥网架
（右）

架的上弦杆，其棱为网架的腹杆。随着三角锥单元体布置的不同，上下弦网格可为正三角形或六边形，从而构成不同的三角锥网架。

①三角锥网架

三角锥网架上下弦平面均为三角形网格，下弦三角形网格的顶点对着上弦三角形网格的形心（图 3—52）。三角锥网架受力均匀，整体抗扭、抗弯刚度好；节点构造复杂，上下弦节点交汇杆件数均为 9 根。适用于建筑平面为三角形、六边形和圆形的情况。

上海徐汇区工人俱乐部剧场（六边形，外接圆直径 24m）采用了这种网架结构形式。

②抽空三角锥网架

抽空三角锥网架是在三角锥网架的基础上，抽去部分三角锥单元的腹杆和下弦而形成的。当下弦由三角形和六边形网格组成时，称为抽空三角锥网架 I 型（图 3—53）；当下弦全为六边形网格时，称为抽空三角锥网架 II 型（图 3—54）。

这种网架减少了杆件数量，用钢量省，但空间刚度也较三角锥网架小。上弦网格较密，便于铺设屋面板，下弦网格较疏，以省钢材。

抽空三角锥网架适用于荷载较小、跨度较小的三角形、六边形和圆形平面的建筑。

天津塘沽车站候车室（D=47.18m，周边支承）较早采用了这种网架结构形式。

③蜂窝形三角锥网架

蜂窝形三角锥网架由一系列的三角锥组成。上弦平面为正三角形和正六边形网格，下弦平面为正六边形网格，腹杆与下弦杆在同一垂直平面内（图 3—55）。上弦杆短、下弦杆长，受力合理，每个节点只汇交 6 根杆件。是常用网架中杆件数和节点数最少的一种。但是，上弦平面的六边形网格增加了屋面板布置与屋面找坡的困难。

蜂窝形三角锥网架适用于中、小跨度周边支承的情况，可用于六边形、

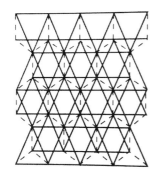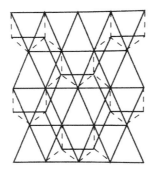

图 3-53　抽空三角锥
网架 I 型（左）
图 3-54　抽空三角锥
网架 II 型（右）

圆形或矩形平面。

天津石化住宅区影剧院（44.4m×8.45m）和开滦林西矿会议室（14.4m×203.79m）较早采用了这种网架结构形式。

④折线形网架

折线形网架俗称折板网架，由正放四角锥网架演变而来，也可以看做是折板结构的格构化（图 3-56）。当建筑平面长宽比大于 2 时，正放四角锥网架单向传力的特点就很明显，此时，网架长跨方向弦杆的内力很小，从强度角度考虑可将长向弦杆（除周边网格外）取消，就得到沿短向支承的折线形网架。折线形网架适用于狭长矩形平面的建筑。

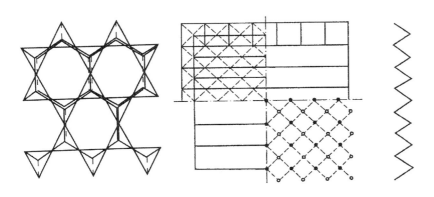

图 3-55　蜂窝形三角
锥网架（左）
图 3-56　折线形网架
（右）

折线形网架内力分析比较简单，无论多长的网架沿长度方向仅需计算5~7 个节间。

山西大同矿务局机电修配厂下料车间（21m×78m）和石家庄体委水上游乐中心（30m×120m）采用了这种网架结构形式。

上述 13 种网架的基本形式均已列入《空间网格结构技术规程》JGJ 7—2010。此外，还有一些其他形式的网架。

5）三层网架

三层网架根据组成网架的基本单元体不同，可以分成如下三大类。

（1）平面桁架体系三层网架

平面桁架体系是由平面网片单元按一定规律组成的空间三层网架。这类网架共有两种类型。

①两向正交正放三层网架

两向正交正放三层网架是由两个方向的三层平面桁架呈直角交叉而成，网架支座可以下层支承，也可中层支承或上层支承。下层支承时需设边桁架。

②两向正交斜放网架

两向正交斜放网架是由两个方向的三层网架交叉成90°而成，它可理解为将两向正交正放三层网架绕垂直轴转动45°而成。其网架支承形式与两向正交正放三层网架一样。

（2）四角锥体系三层网架

四角锥体系三层网架是由四角锥体单元按一定规律组成的空间三层网架，其上层为倒置四角锥，下层为正置四角锥，根据锥体的布置方法不同有如下几种类型。

①正放四角锥三层网架

正放四角锥三层网架是由上、下层均为四角锥组成，上、下层网架的组成相似。

②正放抽空四角锥三层网架

正放抽空四角锥三层网架是由正放四角锥网架按一定规律抽掉锥体而形成，为了抽锥方便，网格数宜采用奇数。

③斜放四角锥三层网架

斜放四角锥三层网架是由上、下两层斜放四角锥网架组成，这种网架必须设置边桁架，以保证网架的几何不变性。

④上正放四角锥下正放抽空四角锥三层网架

这种网架由两种不同四角锥的网架组合而成。上层为正放四角锥网架形式，下层为正放抽空四角锥网架形式。

⑤上斜放四角锥下正放四角锥三层网架

这种网架由两种不同四角锥的网架组合而成。上层为斜放四角锥网架形式，下层为正放四角锥网架形式，中层弦杆既是上层斜放四角锥网架下弦杆，又是下层正放四角锥网架上弦杆。

（3）混合型三层网架

混合型三层网架是由平面桁架体系和四角锥体系组成，它有如下几种类型。

①上正放四角锥下正交正放三层网架

这种网架由两种不同类型的网架组成，上层为正放四角锥网架，下层为两向正交正放网架。

②上棋盘形四角锥下正交斜放三层网架

这种网架由两种不同类型的网架组成，上层为棋盘形四角锥网架，下层为正交斜放网架。

以上仅介绍几种常用的三层网架形式，它们都是由双层网架延伸而成。在组成新的三层网架过程中，一定要注意中层弦杆走向，它既是上层双层网架下弦杆走向，也是下层双层网架上弦杆走向。按这种原则，将双层网架11种形式（除蜂窝形三角锥网架和单向折线形网架外）均可组成各式三层网架。

2. 管桁架结构构造

近年来，管桁结构（也称钢管桁架结构、管桁架、管结构）在大跨空间结构中得到了广泛应用。管桁结构的结构体系为平面或空间桁架，与一般桁架的区别在于连接节点的方式不同。网架结构采用螺栓球或空心球节点，过去的屋架经常采用板型节点，而管桁结构在节点处采用与杆件直接焊接的相贯节点（或称管节点）。在相贯节点处，只有在同一轴线上的两个主管贯通，其余杆件（即支管）通过端部相贯线加工后，直接焊接在贯通杆件（即主管）的外表面上，非贯通杆件在节点部位可能有一定间隙（间隙型节点），也可能部分重叠（搭接型节点）。相贯线切割曾被视为难度较高的制造工艺，因为交汇钢管的数量、角度、尺寸的不同使得相贯线形态各异，而且坡口处理困难。但随着多维数控切割技术的发展，这些难点已被克服。目前，国内一些企业装备了这一技术设备，相贯节点管桁结构在大跨度建筑中得到了前所未有的应用。

管桁结构以桁架结构为基础，因此其结构形式与桁架的形式基本相同，外形与其用途有关。就屋架来说，外形一般为三角形（图3-57a~图3-57c）、梯形（图3-57d、图3-57e）、平行弦（图3-57f、图3-57g）及拱形桁架（图3-57h）。桁架的腹杆形式常用的有芬克式（图3-57a）、人字式（图3-57b、图3-57d、图3-57f）、豪式（也叫单向斜杆式，如图3-57c、图3-57h所示）、再分式（图3-57e）、交叉式（图3-57g）。其中，前四种为单系腹杆，第五种交叉腹杆又称为复系腹杆。

3-12 空间结构公共建筑-管桁架的构造课件

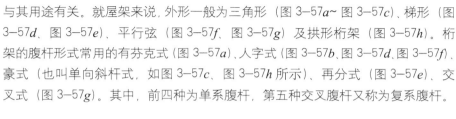

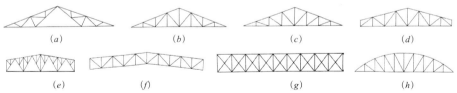

图3-57 桁架形式
(a)、(b)、(c) 三角形桁架；
(d)、(e) 梯形桁架；
(f)、(g) 平行弦桁架；
(h) 拱形桁架；
(a) 芬克式腹杆；
(b)、(d)、(f) 人字式腹杆；
(c)、(h) 豪式腹杆；
(e) 再分式腹杆；
(g) 交叉式腹杆

1）按受力特性和杆件布置分类

根据受力特性和杆件布置不同，分为平面管桁架结构（普腊特（Pratt）式桁架、华伦（Warren）式桁架、芬克（Fink）式桁架和拱形桁架，及其各种演变形式，如图3-58所示）和空间管桁架结构（通常为三角形截面，如图3-59所示）。

平面管桁架结构的上弦、下弦和腹杆都在同一平面内，结构平面外刚度较差，一般需要通过侧向支撑保证结构的侧向稳定，普腊特（Pratt）式桁架（图3-58a）、华伦（Warren）式桁架（图3-58b）、芬克（Fink）式桁架（图3-58c）和拱形桁架（图3-58d），及其他各种演变形式，都可以用作平面管桁架结构。在现有管桁结构的工程中，多采用华伦式桁架和普腊特式桁架形式，华伦式桁架一般是最经济的布置，与普腊特式桁架相比华伦式桁架只有它一半数量的腹杆与节点，且腹杆下料长度统一，这样可极大地节约材料与加工工时，此外华伦式桁架较容易使用有间隙的接头，这种接头容易布置。同样，形状规则的华伦式桁架具有更大的空间去满足放置机械、电气及其他设备的需要。

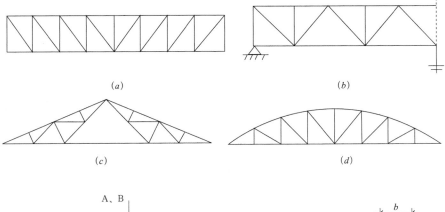

图 3-58　平面管桁架
　　结构
(a)普腊特(Pratt)式桁架;
(b)华伦(Warren)式桁架;
(c)芬克（Fink）式桁架;
(d)拱形桁架

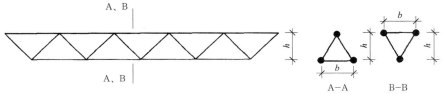

图 3-59　空间管桁架
　　结构

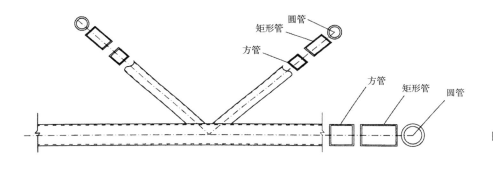

图 3-60　连接构件
的截面组合形式

　　三角形空间管桁架结构截面分正三角和倒三角两种（图 3-60），两种截面形式的桁架各有优缺点。倒三角形截面中,上弦有两根杆件,而通常上弦是受压构件,从杆件的稳定性考虑，上弦受压容易失稳，下弦受拉不存在稳定问题，因而倒三角截面形式是一种比较合理的截面形式。这种截面形式，由两根上弦杆通过斜腹杆与下弦杆连接后，再在节点处设置水平连杆，而且支座支点多在上弦处，从而构成了上弦侧向刚度较大的屋架。另外，这种形式的两根上弦贴靠屋面，下弦只有一根杆件，给人以轻巧的感觉。除此之外，这种倒三角截面形式也会减少檩条的跨度。因此，实际工程中大量采用的是倒三角截面形式的桁架。

　　正三角截面桁架的主要优点在于上弦是一根杆件，檩条和天窗架支柱与上弦的连接比较简单，多用于屋架及输管栈道。

　　2）按连接构件的不同截面分类

　　根据连接构件的截面不同，分为 C—C 型桁架、R—R 型桁架和 R—C 型桁架。

　　C—C 型桁架：主管和支管均为圆管相贯，相贯线为空间马鞍形曲线。

　　CC 型桁架是目前国内应用最为广泛的一种，一方面因为圆管出现及对其研究较早，应用也比较成熟。20 世纪 50 年代美国就开始进行管节点的研究，从 20 世纪 60 年代起管节点的研究在许多国家广泛开展，20 世纪 60 年代末、70 年代初一些规范开始纳入圆管节点的设计。除了具有空心管材普遍的优点外，圆钢管与其他截面管材相比具有较高的惯性半径及有效的抗扭截面。圆管相交的节点相贯线为空间的马鞍形曲线，设计、加工、放样比较复杂，但由于钢管相贯自动切割机的发明使用，促进了管桁结构的发展应用。

R-R 型桁架：主管和支管均为方钢管或矩形管相贯。

方钢管和矩形钢管用作抗压、抗扭构件有突出的优点，用其直接焊接组成的方管桁架具有节点形式简单、外形美观的优点，在国外得以广泛应用，近年在国内也开始使用。如吉林滑冰练习馆、哈尔滨冰雪艺术展览馆、上海"东方明珠"电视塔等。我国现行《钢结构设计标准》GB 50017—2017 中加入了矩形管的设计公式，这将进一步推进管桁结构的应用。

R-C 型桁架：矩形截面主管与圆形截面支管直接相贯焊接。

圆管与矩形管的杂交型管节点构成的桁架形式新颖，能充分利用圆形截面管做轴心受力构件，矩形截面管做压弯和拉弯构件。矩形管与圆管相交的节点相贯线均为椭圆曲线，比圆管相贯的空间曲线易于设计与加工。

3）按桁架的外形分类

直线型与曲线型管桁架结构，如图 3-61 所示。随着社会对美学要求的不断提高，为了满足空间造型的多样性，管桁架结构多做成各种曲线形状，丰富结构的立体效果。当设计曲线型管桁架结构时，有时为了降低加工成本，杆件仍然加工成直杆，由折线近似代替曲线。如果要求较高，可以采用弯管机将钢管弯成曲管，这样可以获得更好的建筑效果。

3.4.3 空间结构公共建筑的结构概述

1. 网架结构

1）网架结构的几何不变性分析

（1）基本单元

网架结构可以看作是平面桁架的横向拓展，也可以看作是平板的格构化。网架结构的起源，据说是仿照金刚钻石原子晶格的空间点阵排布，因而是一种仿生的空间结构，具有很高的强度和很大的跨越能力。

网架结构是由许多规则的几何体组合而成，这些几何体就是网架结构的基本单元。常用的有：三角锥、四角锥、三棱体、正方棱柱体，此外还有：六角锥、八面体、十面体等（图 3-62）。

网架在任何外力作用下都

弧线型倒三角管桁架

直线型管桁架

图 3-61　直线型与曲线型管桁架结构

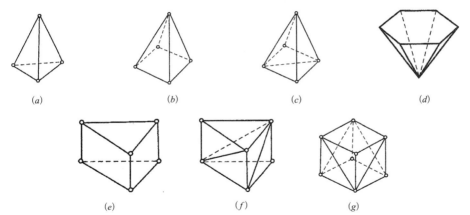

(a) (b) (c) (d)

(e) (f) (g)

图 3-62　网架结构的
基本单元

必须是几何不变体系。因此，应该对网架进行机动分析。

（2）网架几何不变的必要条件

网架结构是一个空间铰接杆系结构，在任意外力作用下不允许几何可变，故必须进行结构几何不变性分析，以保证结构的几何不变。

网架结构的几何不变性分析必须满足两个条件：一是具有必要的约束数量，如不具备必要的约束数量，则结构肯定是可变体系；二是约束布置方式要合理，如约束布置不合理，虽然满足必要条件，结构仍有可能是可变体系。

网架结构是空间结构，一个节点有三个自由度，它的必要条件是

$$W=3J-B-S \leqslant 0 \tag{3-9}$$

式中　　B——网架的杆件数；

　　　　S——支座约束链杆数，$S \geqslant 6$；

　　　　J——网架的节点数。

由此可见：

当　$W > 0$ 时，该网架为几何可变体系；

　　　$W = 0$ 时，该网架无多余杆件，如杆件布置合理，该网架为静定结构；

　　　$W < 0$ 时，该网架有多余杆件，如杆件布置合理，该网架为超静定结构。

（3）网架几何不变的充分条件

分析网架结构几何不变的充分条件时，应先对组成网架的基本单元进行分析，进而对网架的整体作出评价。

①网架结构几何不变的充分条件是：

a．用三个不在一个平面上的杆件汇交于一点，该点为空间不动点，即几何不变的；

b．三角锥是组成空间结构几何不变的最小单元；

c．由三角形图形的平面组成的空间结构，其节点至少为三平面交汇点时，该结构为几何不变体系。

②三角形是几何不变的。如果网架基本单元的外表面是由三角形所组成，则此基本单元也将是几何不变的。在对组成网架的基本单元进行分析时，一般有以下两种类型和两种分析方法：

a. 两种类型：

自约结构体系——自身就为几何不变体系；

他约结构体系——需要加设支承链杆，才能成为几何不变体系。

b. 两种分析方法：

（a）以一个几何不变的单元为基础，通过三根不共面的杆件交汇出一个新节点所构成的网架也为几何不变；如此延伸。

（b）列出考虑了边界约束条件的结构总刚度矩阵 $[K]$，如果 $K \neq 0$，$[K]$ 为非奇异矩阵，网架位移和杆力有唯一解，网架为几何不变体系；如果 $K = 0$，$[K]$ 为奇异矩阵，网架位移和杆力没有唯一解，网架为几何可变体系。

2）网架结构的一般要求

（1）网架结构的受力特点

①由很多杆件按一定规律组成的网状结构体系，杆件之间互相起支撑作用，形成多向受力的空间结构，整体性强，稳定性好，空间刚度大。

②杆件内力主要为轴向力，可充分利用材料强度，减少耗材。

网架是一种空间杆系结构，杆件之间的连接可假定为铰接，忽略节点刚度的影响，不计次应力对杆件内力所引起的变化。由于一般网架均属平板型，受荷后网架在板平面内的水平变位都小于网架的挠度，而挠度远小于网架的高度，属小挠度范畴。也就是说，不必考虑因大变位、大挠度所引起的结构几何非线性性质。此外，网架结构的材料都按弹性受力状态考虑，未进入弹塑性状态和塑性状态，亦即不考虑材料的非线性性质。因此，对网架结构的一般静动力计算，其基本假定可归纳为：

①节点为铰接，杆件只承受轴向力；

②按小挠度理论计算；

③按弹性方法分析。

（2）网架结构的选型设计

网架结构的形式很多，如何结合工程的具体条件选择适当的网架形式，对网架结构的技术经济指标、制作安装质量以及施工进度等均有直接影响。影响网架选型的因素也是多方面的，如工程的平面形状和尺寸、网架的支承方式、荷载大小、屋面构造和材料、建筑构造与要求、制作安装方法以及材料供应等。因此，网架结构的选型必须根据经济合理、安全实用的原则，结合实际情况进行综合分析比较而确定。

（3）网架结构选型设计的基本原则

对于周边支承的网架，当平面形状为正方形或接近正方形时，由于斜放四角锥、星形四角锥、棋盘形四角锥三种网架结构上弦杆较下弦杆为短，杆件受力合理，节点汇交杆件较少，且在同样跨度的条件下节点和杆件总数也比较少，用钢量指标较低；因此，在中小跨度时应优先考虑选用。正放抽空四角锥网架、蜂窝形三角锥网架也具有类似的优点，因此在中、小跨度，荷载较轻时亦可选用。当跨度较大时，容许挠度将起主要控制作用，宜选用刚度较大的交叉桁架体系或满锥形式的网架。

在网架选型时，从屋面构造情况来看，正放类型的网架屋面板规格整齐单一；而斜放类型的网架屋面板规格却有两三种。斜放四角锥的上弦网格较小，屋面板的规格也小；而正放四角锥的上弦网格相对较大，屋面板的规格也大。

从网架制作来说，交叉平面桁架体系较角锥体系简便，正交比斜交方便，两向比三向简单。而对安装来说，特别是采用分条或分块吊装方法施工时，选用正放类网架比斜放类网架有利。因为斜放类网架在分条或分块后，可能因刚度不足或几何可变而要增设临时杆件予以加强。

从节点构造要求来说，焊接空心球节点可以适用于各类网架；而焊接钢板节点则以选用两向正交类的网架为宜；至于螺栓球节点网架，则要求相邻杆件的内力不要相差太大。

总之，在网架选型时，必须综合考虑上述情况，合理地确定网架的形式。

（4）各种支承情况及平面形状的选型

在给定支承方式的情况下，对于一定平面形状和尺寸的网架，从用钢量指标或结构造价最优的条件出发，表 3-12 列出了各类网架的较为合适的应用范围，可供选型时参考。

网架结构选型　　　　　　　　　　　　表3-12

支承情况	平面形状		选用网架
周边支承	矩形	长宽比≈1.0	
		中小跨度	棋盘形四角锥网架
			斜放四角锥网架
			星形四角锥网架
			正放抽空四角锥网架
			两向正交正放网架
			两向正交斜放网架
			蜂窝形三角锥网架
		大跨度	两向正交正放网架
			两向正交斜放网架
			正放四角锥网架
			斜放四角锥网架
		长宽比=1~1.5	两向正交斜放网架
			正放抽空四角锥网架
		长宽比>1.5	两向正交正放网架
			正放四角锥网架
			正放抽空四角锥网架
			折板形网架
	圆形 多边形 （六边形、八边形）	中小跨度	抽空三角锥网架
			蜂窝形三角锥网架
		大跨度	三向网架
			三角锥网架

支承情况	平面形状	选用网架
四点支承 多点支承	矩 形	两向正交正放网架
		正放四角锥网架
		正放抽空四角锥网架
周边支承与点支 承相结合		斜放四角锥网架
		正交正放类网架
		两向正交斜放类网架

注：① 对于三边支承一边开口矩形平面的网架，其选型可以参照周边支承网架进行；
②当跨度和荷载较小时，对角锥体系可采用抽空类型的网架，以进一步节约钢材。

（5）网架结构几何尺寸选择

网架结构的主要尺寸有网格尺寸（指上弦网格尺寸）和网架高度。网格尺寸应与网架高度配合决定。确定这些尺寸时应考虑跨度大小、柱网尺寸、屋面材料以及构造要求和建筑功能等因素。

①网格尺寸

网格尺寸的大小直接影响网架的经济性。确定网格尺寸时，与以下条件有关。

a. 屋面材料

当屋面采用无檩体系（钢筋混凝土屋面板、钢丝网水泥板）时，网格尺寸一般为2~4m。若网格尺寸过大，屋面板重量大，不但增加了网架所受的荷载，还会使屋面板的吊装发生困难。当采用钢檩条屋面体系时，檩条长度不宜超过6m。网格尺寸应与上述屋面材料相适应。当网格尺寸大于6m时，斜腹杆应再分，此时应注意保证杆件的稳定性。

b. 网格尺寸与网架高度成合适的比例关系

通常应使斜腹杆与弦杆的夹角为45°~60°，这样节点构造不致发生困难。

c. 钢材规格

采用合理的钢管做网架时，网格尺寸可以大些；采用角钢杆件或只有较小规格钢材时，网格尺寸应小些。

d. 通风管道的尺寸

网格尺寸应考虑通风管道等设备的设置。对于周边支承的各类网架，可按表3—13确定网架沿短跨方向的网格数，进而确定网格尺寸。表中，L_2为网架短向跨度，单位为m。当跨度在18m以下时，网格数可适当减少。

②网架高度

网架的高度（即厚度）直接影响网架的刚度和杆件内力。网架的高度主要取决于跨度。网架高度越大，弦杆所受力就越小，弦杆用钢量减少；但此时腹杆长度加大，腹杆用钢量就增加。反之，网架高度越小，腹杆用钢量减少，弦杆用钢量增加。因此，网架需要选择一个合理的高度，使得用钢量达到最少；同时，还应当考虑刚度要求等。合理的网架高度可根据表中的跨高比来确定。

确定网架高度时主要应考虑以下几个因素。

a. 建筑要求及刚度要求

当屋面荷载较大时，网架高度应选择得较高，反之可矮些。当网架中必须穿行通风管道时，网架高度必须满足此高度。但当跨度较大时，网架高度主要由相对挠度的要求来决定。一般说来，跨度较大时，网架的跨高比可选用得大些。

b. 网架的平面形状

当平面形状为圆形、正方形或接近正方形的矩形时，网架高度可取得小些。当矩形平面网架狭长时，单向作用就明显，其刚度就越小些，故此时网架高度应取得大些。

c. 网架的支承条件

周边支承时，网架高度可取得小些；点支承时，网架高度应取得大些。

d. 节点构造形式

网架的节点构造形式很多，国内常用的有焊接空心球节点和螺栓球节点。二者相比，前者的安装变形小于后者。故采用焊接空心球节点时，网架高度可取得小些；采用螺栓球节点时，网架高度应取得大些。

此外，当网架有起拱时，网架的高度可取得小些。

网架的上弦网格数和跨高比   表3-13

网架形式	钢筋混凝土屋面体系		钢檩条屋面体系	
	网格数	跨高比	网格数	跨高比
两向正交正放网架 正放四角锥网架 正放抽空四角锥网架	$(2\sim4)+0.2L_2$	10~14	$(6\sim8)+0.07L_2$	$(13\sim17)-0.03L_2$
两向正交斜放网架 棋盘形四角锥网架 斜放四角锥网架 星形四角锥网架	$(6\sim8)$ $+0.08L_2$			

(6) 网架结构边界的处理

网架的边界约束根据网架的支承情况、支承刚度和支座节点的实际构造决定，有自由、弹性、固定和强迫位移等。某方向自由表示在该方向位移无约束；某方向弹性边界表示在该方向位移受弹簧刚度约束；某方向固定表示该方向位移为零；某方向为强迫位移边界表示在该方向位移为一固定值。

不同的支座节点构造形成不同的边界约束条件，双面弧形压力支座节点有时可使该节点在边界法向产生水平移动，形成法向自由的边界条件；板式橡胶支座节点在边界法向可形成弹性边界条件。这将在今后有关章节作详细叙述。

搁置在柱顶或梁上的网架节点，一般认为梁和柱的竖向刚度很大，忽略梁的竖向变形和柱子的轴向变形，因此，这些支座节点竖向位移为零，竖向固定。在水平方向，对周边支承网架，沿边界切向柱子较多，支承结构的侧向刚度较大，可认为该方向位移为零；而沿法向，支承结构的侧向变形较大，应考虑下部结构的共同工作；对点支承网架，支承的两个水平方向的侧向刚度都较差，都应考虑下部结构的共同工作。考虑的方法有两种，一是将网架及其支承结构作为一个整体来分析，这种方法使总刚度矩阵的阶数增高。一般把网架与支承结构分开处理，将下部结构作为网架的弹性约束，柱子水平位移方向的等效弹簧刚度系数 K_Z 值为：

$$K_Z = \frac{3E_ZI_Z}{H_Z^3} \qquad (3-10)$$

式中　E_Z、I_Z、H_Z——分别为支承柱的材料弹性模量、截面惯性矩和柱子长度。

（7）网架结构屋面排水坡度的形成

为了屋面排水，网架结构的屋面坡度一般取 1%~4%，多雨地区宜选用大值。当屋面结构采用有檩体系时，还应考虑檩条挠度对泄水的影响。对于荷载、跨度较大的网架结构，还应考虑网架竖向挠度对排水的影响。

屋面坡度的形成方法有如下几种：

①上弦节点加小立柱找坡，当小立柱较高时，应注意小立柱自身的稳定性，这种做法构造比较简单。

②网架变高度，当网架跨度较大时，会造成受压腹杆太长的缺点。

③支承柱找坡，采用点支承方案的网架可用此法找坡。

④整个网架起拱，一般用于大跨度网架。网架起拱后，杆件、节点的规格明显增多，使网架的设计、制造、安装复杂化。当起拱高度小于网架短向跨度的 1/150 时，由起拱引起的杆件内力变化一般不超过 5%~10%。因此，仍按不起拱的网架计算内力。

（8）网架结构的起拱

网架的起拱的作用，是为了消除网架在使用阶段的挠度影响，称为施工起拱。一般情况下，网架的刚度大，中小跨度网架不需要起拱。对于大跨度（$L_2 > 60m$）网架或建筑上有起拱要求的网架，起拱高度可取 $L_2/300$，L_2 为网架的短向跨度。

网架起拱的方法，按线型分为折线型起拱和弧线型起拱两种。按方向分有单向和双向起拱两种。狭长平面的网架可单向起拱，接近正方形平面的网架应双向起拱。

网架起拱后，会使杆件的种类增多，增加网架设计、制造和安装时的麻烦。

（9）网架结构的容许挠度

网架结构的容许挠度不应超过下列数值：

用作屋盖——$L_2/250$，用作楼盖——$L_2/300$，L_2——网架的短向跨度。

3）网架结构节点构造与杆件

网架的节点分为焊接钢板节点、焊接空心球节点和螺栓球节点等。

（1）焊接钢板节点

焊接钢板节点，一般由十字节点板和盖板组成。十字节点板用两块带企口的钢板对插焊接而成，也可由三块焊成，如图 3-63 所示。

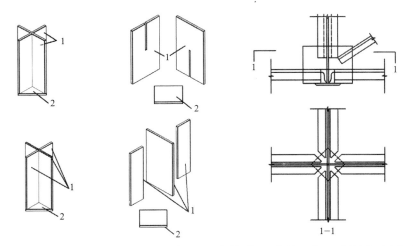

图 3-63　焊接钢板节
　　　点（左）
1 — 十字节点板；
2 — 盖板

图 3-64　双向网架的
　　　节点构造（右）

1-1

焊接钢板节点多用于双向网架和四角锥体组成的网架。焊接钢板节点常用的结构形式如图 3-64 所示。

（2）焊接空心球节点

空心球是由两个压制的半球焊接而成，分为加肋和不加肋两种，如图 3-65 所示。适用于钢管杆件的连接。

当空心球的外径等于 1300mm，且内力较大，需要提高承载能力时，球内可加环肋，其厚度不应小于球壁厚，同时杆件应连接在环肋的平面内。

球节点与杆件相连接时，两杆件在球面上的距离不得小于 20mm，如图 3-66 所示。

焊接球节点的半圆球，宜用机床加工成坡口。焊接后的成品球的表面应光滑平整，不得有局部凸起或折皱，其几何尺寸和焊接质量应符合设计要求。成品球应按 1% 作抽样进行无损检查。

3-13　空间结构公共建筑－网架的构造课件

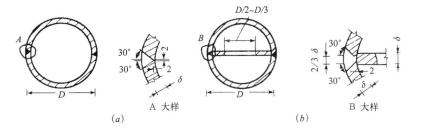

A 大样　　(a)　　　　　　　　　　　B 大样　　(b)

图 3-65　空心球剖面图
(a) 不加肋；
(b) 加肋

（3）螺栓球节点

螺栓球节点系通过螺栓将管形截面的杆件和钢球连接起来的节点，一般由螺栓、钢球、销子、套管和锥头或封板等零件组成，如图 3-67 所示。

螺栓球节点毛坯不圆度的允许制作误差为 2mm，螺栓按 3 级精度加工，其检验标准按《钢结构用高强度大六角头螺栓》

图 3-66　空心球节点图

GB/T 1228—2006、《钢结构用高强度大六角螺母》GB/T 1229—2006、《钢结构用高强度垫圈》GB/T 1230—2006、《钢结构用高强度大六角头螺栓、大六角螺母、垫圈技术条件》GB/T 1231—2006 规定执行。

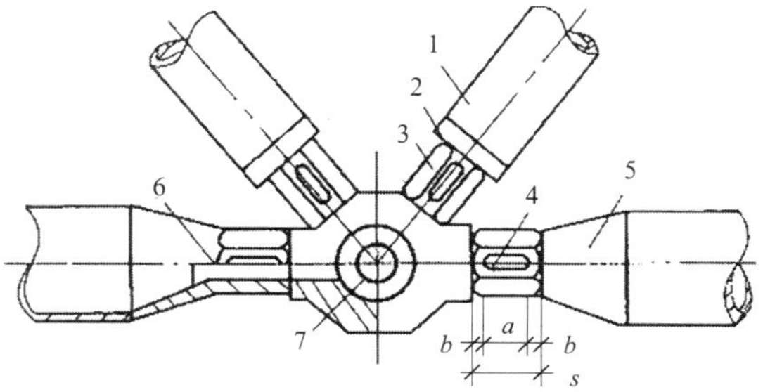

图3—67　螺栓球节点示意图

1 —钢管；2 —封板；
3 —套管；4 —销子；
5 —锥头；6 —螺栓；
7 —钢球

(4) 网架支座节点

常用的压力支座节点有四种：

①平板压力支座节点：如图 3—68 所示，这种节点由十字形节点板和一块底板组成，构造简单、加工方便、用钢量省。但其支承板下的摩擦力较大，支座不能转动或移动，支承板下的应力分布也不均匀，和计算假定相差较大，一般只适用于较小跨度（≤ 40m）的网架。

平板压力支座底板上的螺栓孔可做成椭圆孔，以利于安装；宜采用双螺母，并在安装调整完毕后与螺杆焊死。螺栓直径一般取 M16~M24，按构造要求设置。螺栓在混凝土中的锚固长度一般不宜小于 25d（不含弯钩）。网架结构的平板压力支座中的底板、节点板、加劲肋及焊缝的计算、构造要求均与平面钢桁架支座节点的有关要求相似，此处不再赘述。

②单面弧形压力支座节点：如图 3—69 所示，这种支座的构造与平板压力支座相似，是平板压力支座的改进形式。它在支座板与支承板之间加一弧形支座垫板，使之能转动。弧形垫板一般用铸钢或厚钢板加工而成，从而使支座可以产生微量转动和移动（线位移），支承垫板下的反力比较均匀，改善了较大跨度网架由于挠度和温度应力影响的支座受力性能，但摩擦力仍较大。为使支座转动灵活，可将两个螺栓放在弧形支座的中心线上；当支座反力较大，需要采用四个螺栓时，为不影响支座的转动，可在支座四角的螺栓上部加设弹簧，弹簧的作用是当支座在弧面上转动时可作调节。为保证支座能有微量移动（线位移），网架支座栓孔应做成椭圆孔或大圆孔。

单面弧形支座板的材料一般用铸钢，也可以用厚钢板加工而成，适用于大跨度网架的压力支座。

③双面弧形压力支座节点：如图 3—70 所示，当网架的跨度较大，温度应力影响显著，而且支座处的约束又比较强时，以上两种支座节点往往不能满足要求。这时应选择一种既能自由伸缩又能自由转动的支座节点。双面弧形压力支座基本上能满足这种要求。

这种节点又称摇摆支座节点，它是在支座板与柱顶板之间设一块上下均为弧形的铸钢件。在铸钢件两侧设有从支座板与柱顶板上分别焊出带有椭圆孔的梯形钢板，以螺栓将这三者连系在一起。这样，在正常温度变化下，支座可沿铸钢块的两个弧面作一定的转动和移动。

这种支座节点构造比较符合不动圆柱铰支承的假定，适用于跨度大、支承网架的柱子或墙体的刚度较大、周边支承约束较强、温度应力也较显著的大型网架。但其构造较复杂，加工麻烦，造价较高，而且只能在一个方向转动。

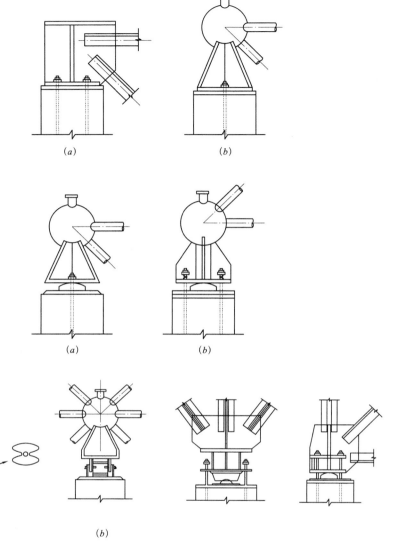

图 3-68　网架平板支
　　座节点图
(a) 角钢杆件支座；
(b) 钢管杆件支座

图 3-69　单面弧形压
　　力支座节点图
(a) 两个螺栓连接；
(b) 四个螺栓连接

图 3-70　双面弧形压
　　力支座节点图（左）
(a) 侧视图；
(b) 正视图

图 3-71　球形铰压力
　　支座节点图（右）

　　④球形铰压力支座节点：如图 3-71 所示，对于跨度较大或带悬伸的四点支承或多点支承的网架，为适应支座能在两个方向作微量转动而不产生线位移和弯矩，采用球形铰压力支座节点。这种支座节点的构造特点是，以一个凸出的实心半球，嵌合在一个凹进的半球内。在任何方向都能转动，而不产生弯矩，并在 x、y、z 三个方向都不会产生线位移。比较符合不动球铰支座支承的计算图式。为防止地震作用或其他水平力的影响使凹球与凸球脱离，支座四周应以锚栓固定，并应在螺母下放置压力弹簧，以保证支座的自由转动而不受锚栓的约束影响。在构造上凸球面的曲率半径应较凹球面的曲率半径小一些，以便接触面呈点接触，利于支座的自由转动。这种节点适用于四点支承或多点支承的大跨度网架的压力支座。

　　以上四种支座用螺栓固定后，应加副螺母等防松，螺母下面的螺纹段的长度不宜过长，避免网架受力时产生反作用力，即向上翘起及产生侧向拉力而使螺母松脱或螺纹断裂。

⑤拉力支座节点：有些周边支承的网架，如斜放四角锥网架、两向正交斜放网架，在角隅处的支座上往往产生拉力，故应根据承受拉力的特点设计成拉力支座。在拉力支座节点中，一般都是利用锚栓来承受拉力的，锚栓的位置应尽可能靠近节点的中心线。为使支承板下不产生过大的摩擦力，让网架在温度变化时，支座有可能作微小的移动和转动，一般都不要将锚栓过分拧紧。锚栓的净面积可根据支座拉力的大小计算。

常用的拉力支座节点有下列两种形式：

a. 平板拉力支座节点：

对于较小跨度网架，支座拉力较小，可采用与平板压力支座相同的构造，利用连接支座与支承铰的锚栓来承受拉力。锚栓的直径按计算确定，一般锚栓直径不小于20mm。锚栓的位置应尽可能靠近节点的中心线。平板拉力支座节点构造比较简单，适用于较小跨度网架。

b. 弧形拉力支座节点：

弧形拉力支座节点的构造与弧形压力支座相似。支承平面做成弧形，以利于转动。为了更好地将拉力传递到支座上，在承受拉力的锚栓附近的节点板应加肋以增强节点刚度，弧形支承板一般用铸钢或厚钢板加工而成。

为了转动方便，最好将螺栓布置在或尽量靠近在节点中心位置。同时，不要将螺母拧得太紧，以便使网架产生位移或转角时，支座板可以比较自由地沿弧面移动或转动。这种节点适用于中、小跨度的网架。

(5) 网架杆件

网架的杆件一般采用普通型钢和薄壁型钢，有条件时应尽量采用薄壁管形截面。其尺寸应满足下列要求：

①普通型钢一般不宜采用小于∟45×3或∟56×36×3的角钢。

②薄壁型钢厚度不应小于2mm。杆件的下料、加工宜采用机加工方法进行。

2. 管桁架的结构设计概述

桁架是指由杆件在端部相互连接而组成的格子式结构，管桁架结构也称钢管桁架结构、管桁架、管结构，是指杆件均为圆或方管杆件的桁架结构。与一般桁架的区别在于连接节点的方式不同，管桁架结构在节点处采用杆件直接焊接的相贯节点（或称管节点）。相贯节点处，只有在同一轴线上的两个主管贯通，其余杆件（即支管）通过端部相贯线加工后，直接焊接在贯通杆件（即主管）的外表，非贯通杆件在节点部位可能有一定间隙（间隙型节点），也可能部分重叠（搭接型节点），如图3-72所示。某火车站管桁架结构如图3-73所示。

管桁架同网架比，杆件较少，节点美观，不会出现较大的球节点，利用大跨度空间管桁架结构，可以建造出各种体态轻盈的大跨度结构。管桁架结构中的杆件大部分情况下只受轴线拉力或压力，应力在截面上均匀分布，因而容

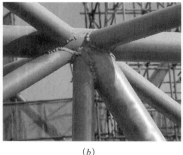

弧线型倒三角管桁架

(a)　　　　　　　　　　　(b)

易发挥材料的作用，这些特点使得桁架结构用料经济，结构自重小。易于构成各种外形以适应不同的用途，譬如可以做成简支桁架、拱、框架及塔架等，因而桁架结构在现今的许多大跨度的场馆建筑，如会展中心、体育场馆或其他一些大型公共建筑中得到了广泛运用。

　　管桁架结构中的杆件均在节点处采用焊接连接，而在焊接之前，需预先按将要焊接的各杆件焊缝形状进行腹杆及弦杆的下料切割，这就需要对腹杆端头进行相贯线切割及弦杆的开槽切割。由于桁架结构中各杆件与杆件之间是以相贯线形式相交，杆件端头断面形状比较复杂（图3—74），因此在实际切割加工中一般采用机械自动切割加工和人工手工切割加工两种方法进行加工。

　　1）管桁架结构节点与破坏形式

　　管桁架结构相贯节点的形式与其相连杆件的数量有关，可分为：单平面节点，是指腹杆与弦杆在同一平面内时的节点（图3—75）；多平面节点，是指腹杆与弦杆不在同一平面内的节点（图3—76）。

图3—72　管桁架杆件
　　相贯节点形式（左）
（a）间隙型节点；
（b）搭接型节点

图3—73　某火车站管
　　桁架结构（右）

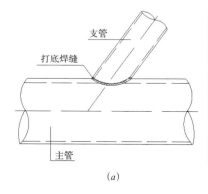
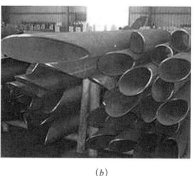

(a)　　　　　　　　　　　(b)

图3—74　管桁架杆件
　　相贯
（a）管桁架杆件相贯示意；
（b）相贯线切割后的杆件

图3—75　管桁架结构
　　单平面节点
（a）Y型节点；
（b）X型节点；
（c）K型（间隙型）节点

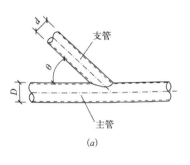
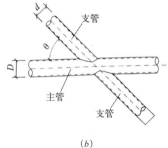
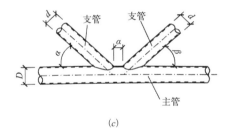

(a)　　　　　　　　　　　(b)　　　　　　　　　　　(c)

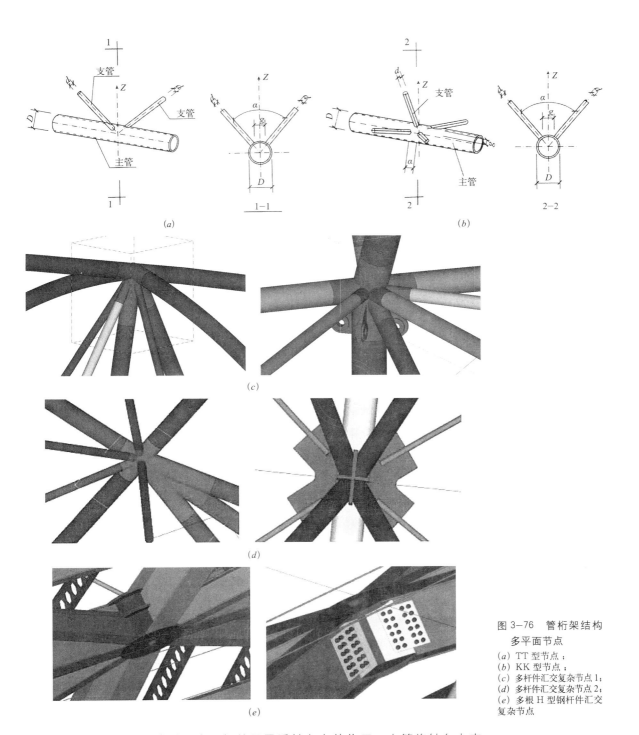

图 3-76　管桁架结构
　　多平面节点

(a) TT 型节点;
(b) KK 型节点;
(c) 多杆件汇交复杂节点1;
(d) 多杆件汇交复杂节点2;
(e) 多根 H 型钢杆件汇交
复杂节点

　　管桁架结构在工作过程中，杆件只承受轴向力的作用，支管将轴向力直接传给主管,主管可能出现多种破坏形式。在保证支管轴向力强度(不被拉断)、连接焊缝强度、主管局部稳定、主管壁不发生层状撕裂的前提下，节点的主要破坏模式有以下几种：主管局部压溃，主管壁拉断，主管壁出现裂缝导致冲剪破坏，K 型节点可能在支管间主管剪切破坏，如图 3-77 所示。

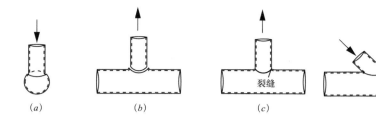

图 3—77　管桁架结构
　　　节点破坏形式
(a) 主管局部压溃；
(b) 主管壁拉断；
(c) 主管壁出现裂缝导致
冲剪破坏；
(d) 支管间主管剪切破坏

(a)　　　　　　(b)　　　　　　(c)　　　　　　　　　(d)

节点出现显著的塑性变形或出现初裂缝以后，才会达到最后的破坏。

一般认为有如下破坏准则：

(1) 极限荷载准则：使节点破坏、断裂。

(2) 极限变形准则：变形过大。

(3) 初裂缝准则：出现肉眼可见的裂缝。

目前，国际上公认的准则为极限变形准则，即认为使主管管壁产生过渡的局部变形的承载力为其最大承载力，并以此来控制支管的最大轴向力。

为了保证相贯节点连接的可靠性，提出以下构造要求：

(1) 节点处主管应连续，支管端部应加工成马鞍形直接焊接于主管外壁上，而不得将支管插入主管内。为了连接方便和保证焊接质量，主管外径 d 应大于支管外径 d_s；主管壁厚 t 不得小于支管壁厚 t_s。

(2) 主管与支管之间的夹角以及两支管间的夹角，不得小于 30°。否则，支管端部焊缝不易保证，并且支管的受力性能也欠佳。

(3) 相贯节点各杆件的轴心线应尽可能交于一点，避免偏心。

(4) 支管端部应平滑并与主管接触良好，不得有过大的局部空隙。当支管壁厚大于 6mm 时应切成坡口。

(5) 支管与主管的连接焊缝，应沿全周连续焊接并平滑过渡。一般的支管壁厚不大，其与主管的连接宜采用全周角焊缝，当支管壁厚较大时（例如 $t_s \geqslant 6mm$），则宜沿支管周边部分采用角焊缝、部分采用对接焊缝。具体来说，凡支管外壁与主管外壁之间的夹角 $\alpha \geqslant 120°$ 的区域宜用对接焊缝或带坡口的角焊缝，其余区域可采用角焊缝。角焊缝的焊脚尺寸 h_f 不宜大于支管壁厚 t_s 的 2 倍。

(6) 若支管与主管连接节点偏心 $-0.55 \leqslant e/h$（或 e/d）$\leqslant 0.25$ 时，在计算节点和受拉主管承载力时，可忽略因偏心引起的弯矩的影响，但受压主管必须考虑此偏心弯矩 $M = \Delta N_e$，如图 3-78 所示。

(7) 对有间隙的 K 型或 N 型节点，支管间隙 a 应不小于两支管壁厚之和。

(8) 对搭接的 K 型或 N 型节点，当支管厚度不同时，薄壁管应搭在厚壁管上；当支管钢材强度等级不同时，低强度支管应搭在高强度管上。搭接节点的搭接率 $Q_v = q/p \times 100\%$ 应满足 25% $\leqslant Q_v \leqslant 100\%$，且应确保在搭接部分的支管之间的连接焊缝能很好地传递内力。

钢管构件在承受较大横向荷载的部位，其工作情况较为不利，应采取适

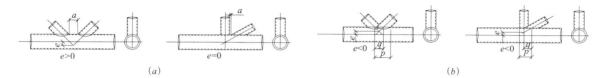

(a)   (b)

图 3-78 管桁架结构
节点破坏形式
(a) 有间隙的节点；
(b) 无间隙的节点

当的加强措施，防止产生过大的局部变形。钢管构件的主要受力部位应尽量避免开孔，不得已要开孔时，应采取适当的补强措施，例如在孔的周围加焊补强板等。

节点的加强要针对具体的破坏模式，主要有：主管壁加厚、主管上加套管、加垫板、加节点板及主管加肋环或内隔板等多种方法，如图 3-79 所示。

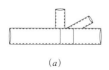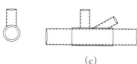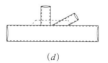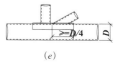

(a)   (b)   (c)   (d)   (e)

图 3-79 管 桁 架 结
构节点的加强方式
（一）
(a) 加内隔板；
(b) 加肋环；
(c) 加套管；
(d) 加节点板；
(e) 加垫板

钢管构件的接长或连接接头宜采用对接焊缝连接。当两管径不同时，宜加变管径过渡段，大直径或重要的拼接，宜在管内加短衬管；两直径之差小于 50mm 时，可用法兰板连接；轴心受压构件或受力较小的压弯构件也可采用通过隔板传递内力的形式；对工地连接的拼接也可采用法兰板的螺栓连接，如图 3-80 所示。

(a)   (b)   (c)   (d)   (e)   (f)

图 3-80 管 桁 架 结
构节点的加强方式
（二）
(a) 对接焊缝连接；
(b) 加变管径过渡段连接；
(c) 管内加短衬管连接；
(d) 加隔板连接；
(e) 加法兰板的螺栓连接1；
(f) 加法兰板的螺栓连接2

2）管桁架结构组成

单榀管桁架由上弦杆、下弦杆和腹杆组成。管桁架结构一般由主桁架、次桁架、系杆和支座共同组成。如图 3-81～图 3-83 所示。

3）管桁架结构优点和局限性

管桁架结构优点：

（1）节点形式简单。结构外形简洁、流畅，结构轻巧，可适用于多种结构造型。

（2）刚度大，几何特性好。钢管的管壁一般较薄，截面回转半径较大，故抗压和抗扭性能好。

（3）施工简单，节省材料。管桁架结构由于在节点处摒弃了传统的连接构件，而将各杆件直接焊接，因而具有施工简单、节省材料的优点。

（4）有利于防锈与清洁维护。钢管和大气接触表面积小，易于防护。在节点处各杆件直接焊接，没有难于清刷、油漆、积留湿气及大量灰尘的死角和凹槽，维护更为方便。管形构件在全长和

图 3-81 单榀管桁架
结构组成

端部封闭后，内部不易生锈。

(5) 圆管截面的管桁架结构流体动力特性好。承受风力或水流等荷载作用时，荷载对圆管结构的作用效应比其他截面形式结构的效应要低得多。

然而，由于节点采用相贯焊接，对工艺和加工设备有一定的要求，管桁架结构也存在一定的局限性：

(1) 相贯节点弦杆方向尽量设计成钢管外径一致，对于不同内力的杆件往往采用相同钢管外径和不同壁厚。但壁厚变化不宜太多，否则钢管间拼接量太大。因此，材料强度不能充分发挥，从而增加了用钢量。这也就是管桁架结构往往比网架结构用钢量大的原因之一。

(2) 相贯节点的加工与放样复杂，相贯线上的坡口又是变化的，而手工切割很难做到，因此对机械的要求很高，要求施工单位有数控的五维切割机床设备。

(3) 管桁架结构均为焊接节点，需要控制焊接收缩量，对焊接质量要求较高，而且均为现场施焊，焊接工作量大。

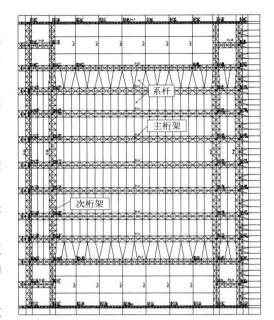

图3-82 广东某多功能体育馆管桁架结构组成（上）

图3-83 广州新白云国际机场航站楼屋盖管桁架结构组成（下）

3.4.4 空间结构公共建筑的质量要求与检验

1. 网架的质量要求与检验

1) 网架结构安装规定

(1) 网架结构安装：

①安装的测量校正：高强度螺栓安装，负温度下施工及焊接工艺等，应在安装前进行工艺试验或评定，并应在此基础上制订相应的施工工艺或方案。

②安装偏差的检测：应在结构形成空间刚度单元并连接固定后进行。

③安装时，必须控制屋面、楼面、平台等的施工荷载，施工荷载和冰雪荷载等严禁超过梁、桁架、楼面板、屋面板、平台铺板等的承载能力。

(2) 钢网架结构支座定位轴线的位置、支座锚栓的规格应符合设计要求。

(3) 支撑面顶板的位置、标高、水平度以及支座锚栓位置的允许偏差应符合表3-14的规定。

支撑面顶板、支座锚栓位置的允许偏差　　　　表3-14

项　　目		允许偏差（mm）
支承面顶板	位　置	15.0
	顶面标高	0 -3.0
	顶面水平度	1/1000
支座锚栓	中心偏移	±5.0

（4）支承垫块的种类、规格、摆放位置和朝向，必须符合设计要求和国家现行有关标准的规定。橡胶垫块与刚性垫块之间或不同类型刚性垫块之间不得互换使用。

（5）网架支座锚栓的紧固应符合设计要求。

（6）支座锚栓尺寸的允许偏差应符合表3-15的规定。支座锚栓的螺纹应受到保护。

锚栓尺寸的允许偏差　　　　　　　　　　　表3-15

项　　目	允许偏差（mm）
螺栓（锚栓）外露长度	$d \leqslant 30$　　0　$+1.2d$ $d > 30$　　0　$+1.0d$
螺栓（锚栓）螺纹长度	$d \leqslant 30$　　0　$+1.2d$ $d > 30$　　0　$+1.0d$

注：d 为螺栓（锚栓）直径。

（7）对建筑结构安全等级为一级、跨度40m及以上的公共建筑钢网架结构，且设计有要求时，应按下列项目进行节点承载力试验，其结果应符合以下规定：

①焊接球节点应按设计指定规格的球及其匹配的钢管焊接成试件，进行轴心拉、压承载力试验，其试验破坏荷载值大于或等于1.6倍设计承载力为合格。

②螺栓球节点应按设计指定规格球的最大螺栓孔螺纹进行抗拉强度保证荷载试验，当达到螺栓的设计承载力时，螺孔、螺纹及封板仍完好无损为合格。

（8）钢网架结构总拼完成后及屋面工程完成后应分别测量其挠度值，挠度值不应超过相应设计值的1.15倍。

（9）钢网架结构安装完成后，其节点及杆件表面应干净，不应有明显的疤痕、泥砂和污垢。螺栓球节点应将所有接缝用油腻子嵌填严密，并应将多余螺孔封口。

（10）钢网架结构安装完成后，其安装的允许偏差应符合表3-16的规定。

钢网架结构安装的允许偏差　　　　　　　　　　　表3-16

项　　目	允许偏差（mm）	检验方法
纵向、横向长度	$\pm L/2000$，且不超过± 40.0	用钢尺实测
支座中心偏移	$L/3000$，且不大于30.0	用钢尺和经纬仪实测
周边支承网架相邻支座高差	$L_1/400$，且不大于15.0	用钢尺和水准仪实测
支座最大高差	30.0	用钢尺和水准仪实测
多点支承网架相邻支座高差	$L_1/800$，且不大于30.0	

注：L 为纵向或横向长度；L_1 为相邻支座距离。

2）网架安装质量控制与验收要点

钢网架安装质量控制与验收要点，见表3-17。

项次	项目	质量控制与验收要点
1	焊接球、螺栓球及焊接钢板，等节点及杆件制作精度	①焊接球：半圆球宜用机床加工制作坡口。焊接后的成品球，其表面应光滑平整，不能有局部凸起或折皱。直径允许误差为±2mm；不圆度为2mm，厚度不均匀度为10%，对口错边量为1mm。成品球以200个为一批（当不足200个时，也以一批处理），每批取两个进行抽样检验，如其中有1个不合格，则双倍取样，如其中又有1个不合格，则该批球不合格。 ②螺栓球：毛坯不圆度的允许制作误差为2mm，螺栓按3级精度加工，其检验标准按《钢网架螺栓球节点用高强度螺栓》GB/T 16939—2016技术条件进行。 ③焊接钢板节点的成品允许误差为±2mm，角度可用角度尺检查，其接触面应密合。 ④焊接节点及螺栓球节点的钢管杆件制作成品长度允许误差为±1mm，锥头与钢管同轴度偏差不大于0.2mm。 ⑤焊接钢板节点的型钢杆件制作成品长度允许误差为±2mm
2	钢管球节点焊缝收缩量	钢管球节点加套管时，每条焊缝收缩应为1.5~3.5mm；不加套管时，每条焊缝收缩应为1.0~2.0mm。焊接钢板节点，每个节点收缩量应为2.0~3.0mm
3	管球焊接	①钢管壁厚4.9mm时，坡口不小于45°为宜。由于局部未焊透，所以加强部位高度要大于或等于3mm。钢管壁厚不小于10mm时，采用圆弧坡口，钝边不大于2mm，单面焊接双面成型易焊透。 ②焊工必须持有钢管定位位置焊接操作证。 ③严格执行坡口焊接及圆弧形坡口焊接工艺。 ④焊前清除焊接处污物。 ⑤为保证焊缝质量，对于等强焊缝必须符合《钢结构工程施工质量验收标准》GB 50205—2020一级焊缝的质量，除进行外观检验外，对大中跨度钢管网架的拉杆与球的对接焊缝，应作无损探伤检验，其抽样数不少于焊口总数的20%。钢管厚度大于4mm时，开坡口焊接；钢管与球壁之间必须留有3~4mm间隙，以便加衬管焊接时根部易焊透。但是加衬管给拼装带来很大麻烦，故一般在合拢杆件情况下加衬管
4	焊接球节点的钢管布置	①在杆件端部加锥头（锥头比杆件细），另加肋焊于球上。 ②可将没有达到满应力的杆件的直径改小。 ③两杆件距离不小于10mm，否则开成马蹄形，两管间焊接时须在两管间加肋补强。 ④凡遇有杆件相碰，必须与设计单位研究处理
5	螺栓球节点	①螺栓球节点的螺纹应按6H级精度加工，并符合国家标准的规定。球中心至螺孔端面距离偏差为±0.20mm，螺栓球螺孔角度允许偏差为±30′。 ②钢管杆件成品是指钢管与锥头或封板的组合长度，其允许偏差值指组合偏差为±1mm。 ③钢管杆件宜用机床、切管机、爬管机下料，也可用气割下料，其长度都应考虑杆件与锥头或封板焊接收缩量值。影响焊接收缩量的因素较多，如焊缝长度和厚度、气温的高低、焊接电流大小、焊接方法、焊接速度、焊接层次、焊工技术水平等，具体收缩值可通过试验和经验数值确定。 ④拼装顺序应从一端向另一端，或者从中间向两边，以减少累积偏差；拼装工艺：先拼下弦杆，将下弦的标高和轴线校正后，全都拧紧螺栓定位。安装腹杆，必须使其下弦连接端的螺栓拧紧，如拧不紧，当周围螺栓都拧紧后，因锥头或封板孔较大，螺栓有可能偏斜，就难处理。连接上弦时，开始不能拧紧，如此循环，部分网架拼装完成后，要检查螺栓，对松动螺栓，再复拧一次。 ⑤螺栓球节点安装时，必须将高强度螺栓拧紧，螺栓拧进长度为该螺栓直径的1倍时，可以满足受力要求，按规定拧进长度为直径的1.1倍，并随时进行复拧。 ⑥螺栓球与钢管特别是拉杆的连接，杆件在承受拉力后即变形，必然产生缝隙，在南方或沿海地区，水汽有可能进入高强度螺栓或钢管中，易腐蚀，因此网架的屋盖系统安装后，再对网架各个接头用油腻子将所有空余螺孔及焊缝处嵌填密实，补刷防腐漆两道
6	焊接顺序	①网架焊接顺序应为先焊下弦节点，使下弦收缩向上拱起，然后焊腹杆及上弦。焊接时应尽量避免形成封闭圈，否则焊接应力加大，产生变形。一般可采用循环焊接法。 ②节点板焊接，节点带盖板时，可用夹紧器夹紧后点焊定位，再进行全面焊接
7	拼装顺序	①大面积拼装一般采取从中间向两边或向四周顺序进行，杆件有一端是自由端，能及时调整拼装尺寸，以减小焊接应力与变形。 ②螺栓球节点总拼顺序一般从一边向另一边，或从中间向两边顺序进行。只有螺栓头与锥筒（封板）端部齐平时，才可以跳格拼装，其顺序为：下弦→斜杆→上弦

项次	项目	质量控制与验收要点
8	高空散装法标高	①采用控制屋脊线标高的方法拼装，一般从中间向两侧发展，以减小累积偏差和便于控制标高，使误差消除在边缘上。 ②拼装支架应进行设计，对重要或大型工程，还应进行试压，使其具有足够的强度和刚度，并满足单肢和整体稳定的要求。 ③悬挑拼装时，由于网架单元不能承受自重，所以对网架要进行加固，即在拼装过程中网架必须是稳定的。支架承受荷载，必然产生沉降，就必须采取千斤顶随时进行调整，当调整无效时，应会同技术人员解决，否则影响拼装精度。支架总沉降量经验值应小于5mm
9	高空滑移法安装挠度	①适当增大网架杆件断面，以增强其刚度。 ②拼装时增加网架施工起拱数值。 ③大型网架安装时，中间应设置滑道，以减小网架跨度，增强其刚度。 ④在拼接处可临时加设梁，或增设三层网架加强刚度。 ⑤为避免滑移过程中，因杆件内力改变而影响挠度值，必须控制网架在滑移过程中的同步数值，其方法可采用在网架两端滑轨上标出尺寸，也可以利用自整角机代替标尺
10	整体顶升位移	①顶升同步值按千斤顶行程而定，并设专人指挥顶升速度。 ②顶升点处的网架做法可做成上支承点或下支承点形式，并有足够的刚度。为增加柱子刚度，可在双肢柱间增加缀条。 ③顶升点的布置距离，应通过计算，避免杆件受压失稳。 ④顶升时，各顶点的允许高差值应满足以下要求： a.相邻两个顶升支承结构间距的1/1000，且不大于30mm。 b.在一个顶升支承结构上，有两个或两个以上千斤顶时，为千斤顶间距的1/200，且不大于10mm。 ⑤千斤顶合力与柱轴线位移允许值为5mm。千斤顶应保持垂直。 ⑥顶升前及顶升过程中，网架支座中心对柱轴线的水平偏移值，不得大于截面短边尺寸的1/50及柱高的1/500。 ⑦支承结构如柱子刚性较大，可不设导轨；如刚性较小，必须加设导轨。 ⑧已发现位移时，可以把千斤顶用楔片垫斜或人为造成反向升差，或将千斤顶平放水平支顶网架支座
11	整体提升柱的稳定性	①网架提升吊点要通过计算，尽量与设计受力情况相接近，避免杆件失稳；每个提升设备所受荷载尽量达到平衡；提升负荷能力，群顶或群机作业，按额定能力乘以折减系数，电力螺杆升板机为0.7~0.8，穿心式千斤顶为0.5~0.6。 ②不同步的升差值对柱的稳定有很大影响，当用升板机时允许差值为相邻提升点距离的1/400，且不大于15mm；当用穿心式千斤顶时，为相邻提升点距离的1/250，且不大于25mm。 ③提升设备放在柱顶或放在被提升重物上应尽量减少偏心距。 ④网架提升过程中，为防止大风影响，造成柱倾覆，可在网架四角拉上缆风绳，平时放松，风力超过5级应停止提升，拉紧缆风绳。 ⑤采用提升法施工时，下部结构应形成稳定的框架结构体系，即柱间设置水平支撑及垂直支撑，独立柱应根据提升受力情况进行验算。 ⑥升网滑模提升速度应与混凝土强度适应，混凝土强度等级必须达到C10级。 ⑦不论采用何种整体提升方法，柱的稳定性都直接关系到施工安全，因此，必须做施工组织设计，并与设计人员共同对柱的稳定性进行验算
12	整体安装空中移位	①由于网架是按使用阶段的荷载进行设计的，设计中一般难以准确计入施工荷载，所以施工之前应按吊装时的吊点和预先考虑的最大提升高度差，验算网架整体安装所需要的刚度，并据此确定施工措施或修改设计。 ②要严格控制网架提升高差，尽量做到同步提升，提升高差允许值（指相邻两拔杆间或相邻两吊点组的合力点间相对高差），可取吊点间距的1/400，且不大于100mm，或通过验算而定。 ③采用拔杆安装时，应使卷扬机型号、钢丝绳型号以及起升速度相同，并且使吊点钢丝绳相通，以达到吊点间杆件受力一致，采取多机抬吊安装时，应使起重机型号、起升速度相同，吊点间钢丝绳相通，以达到杆件受力一致。 ④合理布置起重机械及拔杆。 ⑤缆风地锚必须经过计算，缆风初拉应力控制到60%，施工过程中应设专人检查。 ⑥网架安装过程中，拔杆顶端偏斜不超过1/1000（拔杆高）且不大于30mm

2．管桁架的质量要求及检验

1）管桁架组装验收

组装桁架结构杆件时轴线交点错位的允许偏差不得大于3.0mm，允许偏差不得大于4.0mm。

检查数量：按构件数抽查10%，且不应少于3个，每个抽查构件按节点数抽查10%，且不应少于3个节点。

检验方法：尺量检查。

2）管桁架安装验收

（1）一般规定

①管桁架结构安装工程可按变形缝或空间刚度单元等划分成一个或若干个检验批。

②安装检验批应在进场验收和焊接连接、紧固件连接、制作等分项工程验收合格的基础上进行验收。

③负温度下进行管桁架结构安装施工及焊接工艺等，应在安装前进行工艺试验或评定，并应在此基础上制订相应的施工工艺或方案。

④管桁架结构安装偏差的检测，应在结构形成空间刚度单元并连接固定后进行。

⑤管桁架结构安装时，必须控制屋面、楼面、平台等的施工荷载，施工荷载和冰雪荷载等严禁超过梁、桁架、楼面板、屋面板、平台铺板等的承载能力。

（2）主控项目

①管桁架及受压杆件的垂直度和侧向弯曲矢高的允许偏差应符合表3—18的规定。

检查数量：按同类构件数抽查10%，且不应少于3个。

检验方法：用吊线、拉线、经纬仪和钢尺现场实测。

管桁架及受压杆件垂直度和侧向弯曲矢高的允许偏差（mm）　　　　表3—18

项　目	允许偏差		图　例
跨中的垂直度	$h/250$，且不应大于15.0		
侧向弯曲矢高 f	$l \leqslant 30m$	$l/1000$，且不应大于10.0	
	$30m < l \leqslant 60m$	$l/1000$，且不应大于30.0	
	$l > 60m$	$l/1000$，且不应大于50.0	

②当钢桁架安装在混凝土柱上时，其支座中心对定位轴线的偏差不应大于 10mm；当采用大型混凝土屋面板时，钢桁架间距的偏差不应大于 10mm。

检查数量：按同类构件数抽查 10%，且不应少于 3 榀。

检验方法：用拉线和钢尺现场实测。

③现场焊缝组对间隙的允许偏差应符合表 3-19 的规定。

检查数量：按同类节点数抽查 10%，且不应少于 3 个。

检验方法：尺量检查。

现场焊缝组对间隙的允许偏差（mm）　　　　　表3-19

项目	允许偏差
无垫板间隙	+3.0 0.0
有垫板间隙	+3.0 −2.0

④钢结构表面应干净，结构主要表面不应有疤痕、泥砂等污垢。

检查数量：按同类构件数抽查 10%，且不应少于 3 件。

检验方法：观察检查。

4

模块 4　工业建筑工程概论

工业建筑是指为工业生产活动提供的使用空间。是非常重要的建筑类型，随着工业技术的不断发展，对工业建筑的装修要求也不断提高，因此我们需要熟悉工业建筑的基本知识。

4.1 学习项目1 工业建筑的功能分析

1. 工业建筑设计的要求

1）满足生产工艺要求

这是确定工业建筑设计方案的基本出发点。与工业建筑有关的工艺要求是：①流程。直接影响各工段、各部门平面的次序和相互关系。②运输工具和运输方式。与厂房平面、结构类型和经济效果密切相关。③生产特点。如散发大量余热和烟尘，排出大量酸、碱等腐蚀物质或有毒、易燃、易爆气体，以及有温度、湿度、防尘、防菌等卫生要求等。

4-1 工业建筑的功能分析课件

2）合理选择结构形式

根据生产工艺要求和材料、施工条件，选择适宜的结构体系。钢筋混凝土结构材料易得，施工方便，耐火耐蚀，适应面广，可以预制，也可现场浇筑，为中国目前的单层和多层厂房所常用。钢结构则多用在大跨度、大空间或振动较大的生产车间，但要采取防火、防腐蚀措施。最好采用工业化体系建筑，以节省投资、缩短工期。

3）保证良好的生产环境

①有良好的采光和照明。一般厂房多为自然采光（见工业建筑采光），但采光均匀度较差。如纺织厂的精纺和织布车间多为自然采光，但应解决日光直射问题。如果自然采光不能满足工艺要求，则采用人工照明（见工业建筑照明）。②有良好的通风。如采用自然通风，要了解厂房内部状况（散热量、热源状况等）和当地气象条件，设计好排风通道。某些散发大量余热的热加工和有粉尘的车间（如铸造车间）应重点解决好自然通风问题。③控制噪声。除采取一般降噪措施外，还可设置隔声间。④对于某些在温度、湿度、洁净度、无菌、防微振、电磁屏蔽、防辐射等方面有特殊工艺要求的车间，则要在工业建筑平面、结构以及空气调节等方面采取相应措施。⑤要注意厂房内外整体环境的设计，包括色彩和绿化等。

4）合理布置用房

生活用房包括存衣间、厕所、盥洗室、淋浴室、保健站、餐室等，布置方式按生产需要和卫生条件而定。车间行政管理用房和一些空间不大的生产辅助用房，可以和生活用房布置在一起。

5）总平面布置

这是工业建筑设计的首要环节。在厂址选定后，总平面布置应以生产工艺流程为依据，确定全厂用地的选址和分区、工厂总体平面布局和竖向设计，以及公用设施的配置，运输道路和管道网络的分布等。此外，生产经营管理用房和全厂职工生活、福利设施用房的安排也属于总平面布置的内容。解决生产过程中的污染问题和保护环境质量也是总平面布置必须考虑的。总平面布置的关键是合理地解决全厂各部分之间的分隔和联系，从发展的角度考虑全局问题。总平面布置涉及面广，因素复杂，常采用多方案比较或运用计算机辅助设计方法，选出最佳方案。

2．工业建筑设计的主要内容

根据生产工艺，设计厂房的平面形状、柱网尺寸、剖面形式、建筑体形；合理选择结构方案和围护结构的类型，进行细部构造设计；协调建筑、结构、水、暖、电、气、通风等各工种；正确贯彻"坚固适用、经济合理、技术先进"的原则。

3．工业建筑设计的特点

工业建筑生产工艺复杂多样，在设计配合、使用要求、室内采光、屋面排水及建筑构造等方面，具有如下特点：

（1）厂房的建筑设计是在工艺设计人员提出的工艺设计图的基础上进行的，建筑设计应首先适应生产工艺要求。

（2）厂房中的生产设备多，体量大，各部分生产联系密切，并有多种起重运输设备通行，厂房内部应有较大的通敞空间。

（3）厂房宽度一般较大，或者多跨厂房，为满足室内、通风的需要，屋顶上往往设有天窗。

（4）厂房屋面防水、排水构造复杂，尤其是多跨厂房。

（5）单层厂房中，由于跨度大，屋顶及起重机荷载较重，多采用钢筋混凝土排架结构承重；在多层厂房中，由于荷载较大，广泛采用钢筋混凝土骨架结构承重；特别高大的厂房或地震烈度高的地区厂房宜采用钢骨架承重。

（6）厂房多采用预制构件装配而成，各种设备和管线安装施工复杂。

4.2　学习项目 2　屋架结构工业建筑

屋架结构工业建筑是指，竖向结构为柱子或者砖墙，且沿厂房横向间距较大，在竖向结构上方支撑屋架结构，以承担屋面板的自重及屋面荷载。在20 世纪中叶，我国很多工业建筑都是这种结构形式，当前很多老工业区改造工程中（如北京的 798 艺术街区），会遇到屋架结构的厂房装修问题。

4-2 屋架结构工业建筑课件

4.2.1　屋架结构工业建筑的特点

屋架结构体系分为两种：无檩屋盖和有檩屋盖，如图 4-1 所示。

无檩屋盖：屋面荷载直接通过大型屋面板传递给屋架。

优点：屋盖横向刚度大，整体性好，构造简单，施工方便等；

缺点：屋盖自重大，不利于抗震，其多用于有桥式起重机的厂房屋盖中。

有檩屋盖：当屋面采用轻型材料如石棉瓦、瓦楞铁、压型钢板和钢丝网水泥槽板等时，屋面荷载要通过檩条再传递给屋架。

优点：构件重量轻，用料省；

缺点：屋盖构件数量较多，构造较复杂，整体刚度较差。

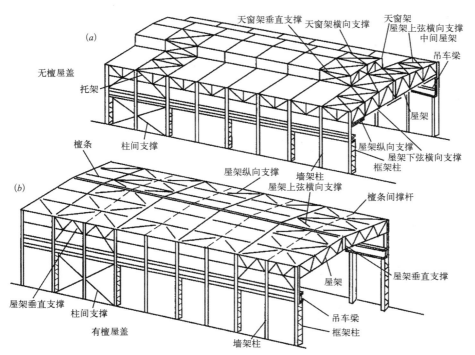

图 4-1 屋架结构工业建筑

4.2.2 屋架结构工业建筑的构造组成

1. 屋架结构的组成

钢屋架结构组成:屋面板、檩条、屋架、托架、天窗架、支撑等构件。如图 4-2 所示。

屋架的跨度和间距取决于柱网布置,柱网布置取决于建筑物工艺要求和经济要求。屋架跨度较大:为了采光和通风,屋盖上常设置天窗。柱网间距较大,超出屋面板长度:应设置中间屋架和柱间托架,中间屋架的荷载通过托架传给柱。

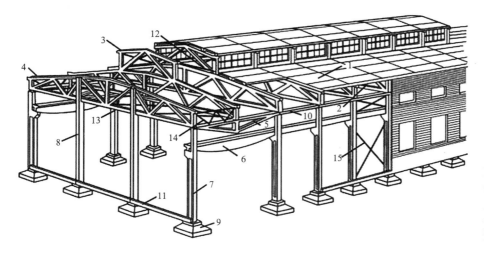

图 4-2 钢屋架结构构造图

1—屋面板;2—天沟板;3—天窗架;4—屋架;5—托架;6—吊车梁;7—排架柱;8—抗风柱;9—基础;10—连系梁;11—基础梁;12—天窗架垂直支撑;13—屋架下弦横向水平支撑;14—屋架端部垂直支撑;15—柱间支撑

屋架与屋架之间：布置支撑，增强屋架的侧向刚度，传递水平荷载和保证屋盖体系的整体稳定。

2．支撑体系

1）支撑作用

主要作用：①保证屋盖结构的整体稳定；②增强屋盖的刚度；③增强屋架的侧向稳定；④承担并传递屋盖的水平荷载；⑤便于屋盖的安装与施工。

屋架——屋盖的主要承重结构。需要用支撑连接屋架。长的屋盖结构，在中间设置横向支撑。

横向支撑——屋架弦杆的侧向支承点，减小弦杆在平面外的计算长度，减小动力荷载作用下的屋架平面外的受迫振动。

屋盖支撑将作用于山墙的风荷载、悬挂起重机水平荷载及地震作用传递给房屋的下部支承结构。

钢屋架安装：首先吊装有横向支撑的两榀屋架，将支撑和檩条与之连系形成稳定体系，然后再吊装其他屋架与之相连。

2）屋架支撑布置（图4-3）

五种屋盖支撑：上弦横向水平支撑、下弦横向水平支撑、下弦纵向水平支撑、垂直支撑和系杆。

（1）上弦横向水平支撑

在屋盖体系中，一般都应设置屋架上弦横向水平支撑，包括天窗架的横向水平支撑。

上弦横向水平支撑：布置在房屋两端或在温度缝区段的两端的第一柱间或第二柱间。横向水平支撑的间距 ≤ 60m，房屋长度 >60m，还应另加设水平支撑。

（2）下弦横向水平支撑

当厂房的屋架跨度 > 18m，或者屋架跨度 <18m，但屋架下弦设有悬挂起重机时；厂房内设有吨位较大的桥式起重机或其他振动设备时；山墙抗风柱支承于屋架下弦时，应在与上弦横向水平支撑同一柱间内，设置下弦横向水平支撑，以便形成稳定的空间体系。

（3）下弦纵向水平支撑

当厂房设有重级工作制起重机或起重吨位较大的中、轻级工作制起重机；或者设有锻锤等大型振动设备；或者屋架下弦设有纵向或横向吊轨；或者设有支承中间屋架的托架和无柱支撑的中间屋架；房屋较高，跨度较大，空间刚度要求高时，应在屋架下弦端节间内设置下弦纵向水平支撑，与下弦横向水平支撑组成封闭的支撑体系，提高屋盖的整体刚度。

（4）垂直支撑

垂直支撑的作用是使相邻两榀屋架形成空间几何不变体系保证侧向稳定的有效构件。往往将其设置在设有上弦横向支撑的柱间内；在屋架跨度方向还要根据屋架形式及跨度大小在跨中设置一道或几道。

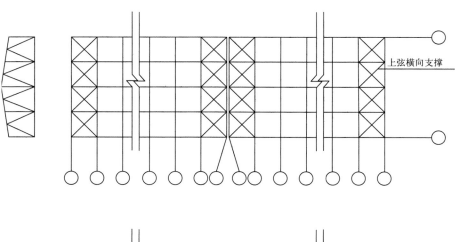

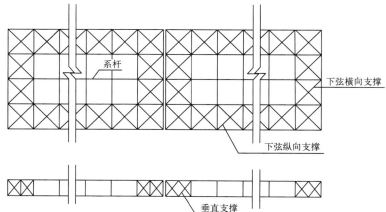

图 4-3　屋盖支撑布置

梯形屋架当跨度 ≤ 30m 时，应在屋架跨中和两端的竖杆平面内各布置一道垂直支撑。当跨度 > 30m 时，无天窗时，应在屋架跨度 1/3 处和两端的竖杆平面内各布置一道垂直支撑；有天窗时，垂直支撑应布置在天窗架侧柱的两侧。

三角形屋架当跨度 ≤ 24m 时，应在跨中竖杆平面内设置一道垂直支撑；当跨度 > 24m 时，应根据具体情况布置两道垂直支撑（图 4-4）。

屋架安装时，每隔 4~5 个柱间设置一道垂直支撑，以保持安装稳定。

(5) 系杆

系杆用来充当屋架上下弦的侧向支撑点，保证无横向支撑的其他屋架的侧向稳定。又分为刚性系杆和柔性系杆，能承受压力的为刚性系杆，只能承受拉力的为柔性系杆。

系杆通常设置在上弦平面内，檩条和大型屋面板均可起刚性系杆作用，因而可在屋架的屋脊和支座节点处设置刚性系杆。下弦平面内，可在屋架下弦的垂直支撑处设置柔性系杆。地震区应按《建筑抗震设计规范》GB 50011—2010 的规定设置。

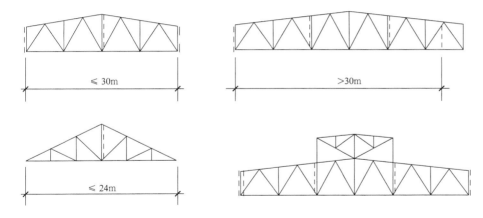

图 4-4　垂直支撑布置

4.2.3　屋架结构工业建筑的结构设计概述

1. 屋架形式选择

在确定钢屋架外形时，应满足用途、建筑造型、屋面排水和制造安装方便的原则。

使用要求：屋架的外形应与屋面材料排水的要求相适应。

建筑造型：屋架的外形应尽量与弯矩图相近，以使屋架弦杆的内力沿全长均匀分布，能充分发挥材料的作用；腹杆的布置应使短杆受压，长杆受拉，且数量少而总长度短，杆件夹角宜在 30°~60° 之间，最好是 45° 左右；还要使弦杆尽量不产生局部弯矩。

制造安装方便：屋架的节点要简单、数目宜少些；应便于制造、运输和安装。

同时满足上述的要求比较困难，要根据具体情况合理设计。

屋架的外形主要有三角形、梯形、矩形和曲拱形等（图 4-5）。

三角形屋架（图 4-5a）主要用于屋面坡度较大的有檩屋盖结构或中、小跨度的轻型屋面结构中。屋架多与柱子铰接，横向刚度较小。屋架的外形与均布荷载的弯矩图差别大，使弦杆的内力变化大，支座弦杆内力大，跨中弦杆内力小。荷载和跨度较大时，采用三角形屋架不经济。

梯形屋架（图 4-5b）受力情况较三角形好，腹杆较短，与柱子可刚接，

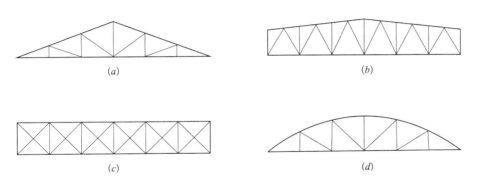

图 4-5　屋架的外形

也可铰接。一般用于屋面坡度较小的屋盖结构中，现已成为工业厂房屋盖结构的基本形式。

矩形屋架（图4-5c）的上、下弦平行，腹杆长度相等，杆件类型少，节点构造统一，便于制造，符合标准化、工业化的要求。排水较差，跨中弯矩大，弦杆内力大。一般用于单坡屋面的屋架及托架或支撑体系中。

曲拱形屋架（图4-5d）的外形最符合弯矩图，受力最合理，但上弦（或下弦）要弯成曲线形比较费工，如改为折线形则较好。用于有特殊要求的房屋中。

2. 腹杆体系

三角形屋架的腹杆体系有单斜杆式、人字式和芬克式（图4-6）。单斜杆式（图4-6a）中较长的斜杆受拉，较短的竖杆受压，比较经济。人字式（图4-6b）的腹杆数较少，节点构造简便。芬克式（图4-6c）的腹杆受力合理，还可分为左、右两根较小的桁架，便于运输。

梯形屋架的腹杆体系可采用人字式和再分式（图4-7）。人字式（图4-7a）的布置不仅可使受压上弦的自由长度比受拉下弦小，还能使大型屋面板的主肋搁支在上弦的节点上，避免上弦产生局部弯矩。若节间长度过长，可采用再分式腹杆形式（图4-7b）。

矩形屋架的腹杆体系可采用单斜杆式、菱形、K形和交叉式（图4-8）。单斜杆式（图4-8a）斜长杆受拉，短腹杆受压，较经济。菱形（图4-8b）两根斜杆受力，腹杆内力较小，用料多。K形腹杆（图4-8c）用在桁架高度较高时，可减小竖杆的长度。交叉式（图4-8d）常用于受反复荷载的桁架中，有时斜杆可用柔性杆。

曲拱形屋架的腹杆体系多为单斜杆式（图4-9）。为减小腹杆长度，可下弦起拱，形成新月形。顶部采光，可采用三角式腹杆。

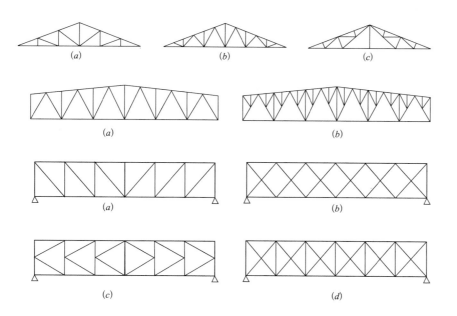

(a)   (b)   (c)

(a)   (b)

(a)   (b)

(c)   (d)

图4-6 三角形屋架的腹杆体系（上）

图4-7 梯形屋架的腹杆体系（中）

图4-8 矩形屋架的腹杆体系（下）

3. 屋架主要尺寸的确定

屋架的主要尺寸包括：屋架的跨度、高度和节间宽度。

屋架跨度：按使用和工艺要求确定，一般以 3m 为模数。屋架的跨度为 3 的倍数，有 12m、15m、18m、21m、24m、27m、30m、36m 等几种，也有更大的跨度。三角形有檩屋盖结构比较灵活，不受 3m 模数的限制。屋架计算跨度：屋架两端支座反力的距离，一般取支柱轴线之间的距离减去 300mm。

屋架高度：按经济、刚度、建筑等要求以及运输界限、屋面坡度等因素来确定。三角形屋架高度 $h=(1/6 \sim 1/4)$ L （跨度），以适应屋架材料要求屋架具有较大的坡度。

梯形屋架坡度较平坦，屋架跨中高度应满足刚度要求，当上弦坡度为 $1/12 \sim 1/8$ 时，跨中高度一般为 $(1/10 \sim 1/6)$ L，跨度大（或屋面荷载小）时取小值，反之则取大值。端部高度：当屋架与柱铰接时为 1.6~2.2m，刚接时为 1.8~2.4m；端弯矩大时取大值，反之取小值。跨中高度：根据端部高度、屋面坡度计算，最大高度应小于运输界限，如铁路运输界限为 3.85m。

屋架上弦节间的划分应根据屋面材料而定。当采用大型屋面板时，上弦节间长度等于屋面板宽度，一般取 1.5m 或 3m；当采用檩条时，则根据檩条的间距而定，一般取 0.8~3.0m。要尽量使屋面荷载直接作用在屋架节点上，避免上弦杆产生局部弯矩。

4. 杆件计算长度与长细比

1）屋架平面内

节点不是真正的铰接，而是一种介于刚接和铰接的弹性嵌固。节点上的拉杆数量越多，拉力和拉杆的线刚度越大，则嵌固程度也越大，压杆的计算长度就越小。

上下弦杆、支座斜杆和竖杆：内力大，受其他杆件约束小，这些杆件在屋架中较重要，可偏安全地视为铰接。屋面平面内，计算长度取节点间的轴线长度，即 $l_{ox}=l$。

其他腹杆：一端与上弦杆相连，嵌固作用不大，可视为铰接；另一端与下弦杆相连，受其他受拉杆件的约束嵌固作用较大，计算长度取 $l_{ox}=0.8l$（图 4-10）。

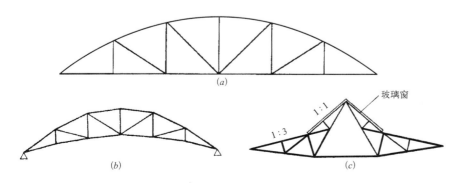

图 4-9 曲拱形屋架的腹杆体系

玻璃窗

1:1

1:3

(a)

(b)

(c)

2）屋架平面外

上、下弦杆的计算长度应取屋架侧向支撑节点或系杆之间的距离，即 $l_{oy}=l_1$。腹杆的计算长度为两端节点间距离 $l_{oy}=l_1$。

（1）屋架上弦杆

在有檩屋盖中檩条与支撑的交叉点不相连时（图4-10），此距离为 $l_{oy}=l_1$，l_1 是支撑节点的距离；当檩条与支撑交叉点用节点板连牢时 $l_{oy}=$ 檩距。

在无檩屋盖中，大型屋面板不能与屋架上弦杆焊牢时，上弦杆在平面外的计算长度取为支撑节点之间的距离；反之，可取屋面板宽度，但不大于3m。

（2）屋架下弦杆

屋架下弦杆的计算长度取 $l_{oy}=l_1$，l_1 是侧向支撑节点的距离（由下弦支撑及系杆设置而定）。

（3）屋架弦杆内力不相等

芬克式三角屋架和再分式梯形屋架，当弦杆侧向支承点间的距离为节间长度的两倍且两个节间弦杆的内力不相等时（图4-11），弦杆在平面外的计算长度按式（4-1）计算：

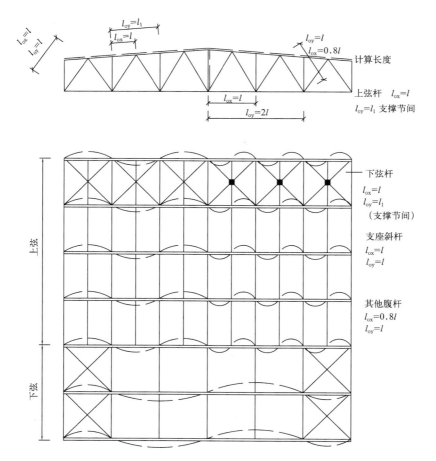

图4-10　屋架杆件的
计算长度

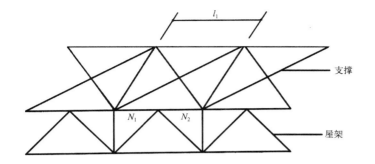

图 4—11　弦杆轴心压力在侧向支承点间有变化的屋架简图

$$l_{oy}=l_1\left(0.75+0.25\frac{N_2}{N_1}\right)\qquad(4—1)$$

式中　　N_1——较大的压力；

　　　　N_2——较小的压力或拉力，计算时取压力为正，拉力为负；

　　　　l_1——两节间距离。

当确定交叉腹杆中单角钢杆件斜平面内的长细比时，计算长度应取节点中心至交叉点间的距离。

长细比：压杆一般为 150，拉杆为 350；受压支撑杆件一般为 200，受拉支撑杆件为 400。

5. 杆件截面形式

普通钢屋架的杆件一般采用等肢或不等肢角钢组成的 T 形截面或十字形截面。组合截面的两个主轴回转半径与杆件在屋架平面内和平面外的计算长度相配合，使两个方向长细比接近，用料经济、连接方便（图 4—12）。

等肢角钢相并（图 4—12a），特点是 $i_y \approx (1.3\sim1.5)\ i_x$。即 $y—y$ 方向的回转半径略大于 $x—x$ 方向，用在腹杆中较好，因为腹杆的 $l_{ox}=0.8l$，$l_{oy}=l$，这样，$l_{oy} \approx 1.25l_{ox}$，两个方向的长细比就比较接近。

不等肢角钢，短肢相并（图 4—12b），特点是 $i_y = (2.6\sim2.9)\ i_x$。在上下弦杆中，如果屋架平面外的计算长度 l_{oy} 等于屋架平面内的计算长度 l_{ox} 的 2~3 倍，即 $l_{oy} = (2\sim3)\ l_{ox}$，采用这种截面可使两个方向的长细比比较接近。

不等肢角钢，长肢相并（图 4—12c），特点是 $i_y = (0.75\sim1.0)\ i_x$，用于端斜杆、端竖杆较好，因为这两种杆件的 $l_{oy} = l_{ox}$，可使两个方向长细比相近。此外，当上弦杆有较大弯矩作用时，也宜用这种截面形式。

十字形截面（图 4—12d），其特点是 $i_y = i_x$，宜用于有竖向支撑相连的竖腹杆，使竖向支撑与屋架节点不产生偏心作用。

目前，在国内外也有用焊接或轧制的 T 形截面或用 H 型钢一分为二

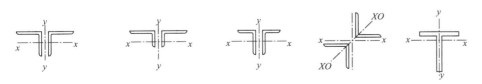

图 4—12　杆件的截面形式

（图 4-12e）取代双角钢组成的 T 形截面。优点是翼缘的宽度大，可达到等稳定性要求，另外可减小节点板尺寸和省去垫板等，比较经济。

一些跨度和荷载较大的桁架往往采用钢管和宽翼缘 H 型钢截面。

6. 杆件截面选择

杆件截面选择应选用肢宽而壁薄的角钢，以增大其回转半径，但须保证其局部稳定，角钢厚度 $\geqslant$ 4mm，钢板厚度 $\geqslant$ 5mm，因此，角钢规格不宜小于 $\llcorner$ 45×5 或 $\llcorner$ 56×36×4。弦杆：一般采用等截面，跨度 >24m 时，可在适当节间处变截面，改变一次为宜。变截面时，角钢厚度不变而改变肢宽，便于连接。在同一榀屋架中角钢规格不宜过多，一般为 5~6 种。

4.2.4 屋架结构工业建筑的质量要求与检验

1. 检验规则

1）钢屋架的检验

钢屋架在制作过程中各工序要进行自检、互检，并由质量检验部门进行抽检。

钢屋架制作完工后，要由厂质量检验部门进行检验，质量合格，出具质量合格证。

2）批量划分

以一个工程同类产品的一个型号作为一批。

3）检验数量

（1）工序检验

①下料用的样板、样杆要逐件检查，要求 100% 合格。

下料零件至少检查同一型号的首件和末件，检验部门随机抽检，数量不少于 5%。

②组装及焊缝质量的外观（包括尺寸）检查应逐件进行。

（2）出厂检验

①钢屋架交付使用前应进行试拼装，试拼数量不少于 3 榀。

②钢屋架出厂前要全部进行检验。

（3）检验方法

①结构钢材

钢材的品种、型号、规格及质量必须符合设计文件的要求，并应符合相应标准规定，钢材的试验项目、取样数量及试验方法见表 4-1。

检验方法：检查钢材的出厂合格证和试验报告。钢材规格可用钢尺、卡尺量。对钢材表面缺陷和分层可用眼观察，用尺量，必要时作渗透试验或超声波探伤检查。

②连接材料

焊条、焊剂、焊丝和施焊用的保护气体等应符合设计文件的要求及国家有关规定，并应符合规范的规定。

钢材试验方法			表4-1
检验项目	取样数量	取样方法	试验方法
化学分析	3 (每批钢材)	GB/T 222	GB/T 223
拉伸	1 (每批钢材)	GB/T 2975	GB/T 228
冷弯	1 (每批钢材)		GB/T 232
常温冲击	3 (每批钢材)		GB/T 229
低温冲击	3 (每批钢材)		GB/T 229

高强度螺栓、普通螺栓的材质、形式、规格等应符合设计文件的要求，并应符合规范的规定。

检验方法:检查焊条、焊丝、焊剂、高强度螺栓、普通螺栓等的出厂合格证，并检查焊条、焊剂等的焙烘记录及包装。

③防腐材料

结构构件所采用的底漆及面漆应符合设计文件的要求，并应符合规范的规定。

检验方法：检查油漆牌号及出厂质量合格证明书。

2．工序检验

1）下料及矫正

(1) 钢材下料及矫正应符合规范的要求。

(2) 检验方法：

观察并用尺量，对钢材断口处的裂纹及分层，必要时用磁粉渗透试验及超声波探伤检查，并应检查操作记录。

2）组装

(1) 钢桁架的组装应符合规范的规定。

(2) 检验方法：

①检查定位焊点工人的焊接操作合格证。

②检查定位焊点所用焊条应与正式焊接所用焊条相同。

③检查组装时的极限偏差，需用钢尺、卡尺量，用塞尺检查。

3）焊接

(1) 对焊缝的质量要求应符合规范的规定。

(2) 检验方法：

①检查焊工及无损检验人员的考试合格证，并需检查焊工的相应施焊条件的合格证明及考试日期。

②对一、二级焊缝除外观检查外尚需作探伤检验。

一级焊缝的探伤比例为100%，二级焊缝的探伤比例不少于20%，探伤比例的计数方法应按以下原则确定：对工厂制作焊缝，应按每条焊缝计算百分比，且探伤长度应不小于200mm，当焊缝长度不足200mm时，应对整条焊缝进行探伤；对现场安装焊缝，应按同一类型、同一施焊条件的焊缝条数计算百分比，探伤长度应不少于200mm，并应不少于1条焊缝。

③焊缝外观质量应用眼观察，用量规检查焊缝的高度，用钢尺检查焊缝的长度，对圆形缺陷和裂纹，可用磁粉复验。

4）除锈及涂漆

（1）钢屋架除锈及涂漆的质量要求应遵照规范的规定。

（2）检验方法：

①除锈是否彻底可用眼观察。

②检查油漆牌号是否符合设计要求及出厂合格证明书。

③观察漆膜外观是否光滑、均匀，并用测厚仪检查漆膜厚度。

5）出厂检验

钢屋架制作完工后按相应的要求检查钢桁架成品的外形和几何尺寸，其检验方法按表4-2的规定进行。

钢屋架制作尺寸的检验方法　　　　　　　　　　　　　表4-2

项次	项目	检验方法
1	钢屋架跨度最外端两个孔的距离或两端支承面最外侧距离L	用装有5kg拉力弹簧秤的钢尺量
2	钢屋架按设计要求起拱 钢屋架按设计要求不起拱	用钢丝拉平再用钢尺量
3	固定檩条或其他构件的孔中心距离l_1、l_2	用钢尺量
4	在支点处固定桁架上、下弦杆的安装孔距离l_3	用钢尺量
5	刨平顶紧的支承面到第一个安装孔距离a	
6	屋架弦杆在相邻节间不平直度	用拉线和钢尺检查
7	檩条间距l_5	用钢尺量
8	杆件轴线在节点处错位	用钢尺量
9	屋架支座端部上、下弦连接板平面度	用吊线和钢尺量
10	节点中心位移	按放样划线用钢尺检查

6）验收

（1）钢屋架的质量合格证明书

钢屋架必须是在制造厂的质量检验部门检验合格后方许出厂。对合格产品制造厂应出具钢屋架的质量合格证明书，并应提供下列文件备查：

①钢屋架施工图及更改设计的文件，并在施工图中注明修改部位；

②制作中对问题处理的协议文件；

③结构用钢材、连接材料（焊接材料及紧固件）、油漆等的出厂合格证明书，钢材的复（试）验报告；

④焊缝外观质量检验报告及无损检验报告；

⑤高强度螺栓连接用摩擦面的抗滑移系数实测试验报告；

⑥高强度螺栓工厂连接的质量检验报告。

（2）成品质量检验报告

（3）发货清单

（4）甲方验收

厂内检验合格后，按照施工图要求及国家标准的规定进行验收。

（5）复验

①验收中任何一项指标不合格时必须加倍复验，如复验仍不合格，应对所有桁架进行逐件复验。

②钢桁架出厂检验中如有项目未达到质量指标，允许进行修整。

4.3　学习项目3　排架结构工业建筑

4.3.1　排架结构工业建筑的特点

排架结构由屋架（或屋面梁）、柱、基础等构件组成，柱与屋架铰接，与基础刚接。根据生产工艺和使用要求的不同，排架结构可做成等高、不等高等多种形式（图4—13）；根据结构材料的不同，排架可分为：钢—钢筋混凝土排架、钢筋混凝土排架和钢筋混凝土—砖排架。此类结构能承受较大的荷载作用，在冶金和机械工业厂房中广泛应用，其跨度可达30m，高度可达20~30m，起重机吨位可达150t或150t以上。

4.3.2　排架结构工业建筑的构造组成

单层排架厂房由围护结构、屋架、吊车梁、连系梁、柱、基础等构件组成。屋架前面已讲述，此处不再重复，重点讲述其他。

1. 横向平面排架

横向平面排架由横梁（屋面梁或屋架）和横向柱列（包括基础）组成，它是厂房的基本承重结构。厂房结构承受的竖向荷载（结构自重、屋面活载、雪载和起重机竖向荷载等）及横向水平荷载（风载和起重机横向制动力、地震

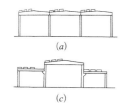

(a)

(c)

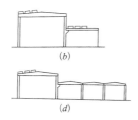

(b)

(d)

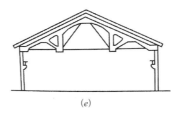

(e)

图4—13　单跨与多跨排架

作用）主要通过它传至基础和地基，如图 4—14 所示。

2．纵向平面排架

由纵向柱列（包括基础）、连系梁、吊车梁和柱间支撑等组成，其作用是保证厂房结构的纵向稳定性和刚度，并承受作用在山墙和天窗端壁且通过屋盖结构传来的纵向风载、起重机纵向水平荷载（图 4—15）、纵向地震作用以及温度应力等。

3．吊车梁

简支在柱牛腿上，主要承受起重机竖向和横向或纵向水平荷载，并将它们分别传至横向或纵向排架。

4．支撑

包括屋盖和柱间支撑，其作用是加强厂房结构的空间刚度，并保证结构构件在安装和使用阶段的稳定和安全，同时起传递风载和起重机水平荷载或地震力的作用。

5．基础

承受柱和基础梁传来的荷载并将它们传至地基。

6．围护结构

包括纵墙和横墙（山墙）及由墙梁、抗风柱（有时还有抗风梁或抗风桁架）和基础梁等组成的墙架。这些构件所承受的荷载，主要是墙体和构件的自重以及作用在墙面上的风荷载。

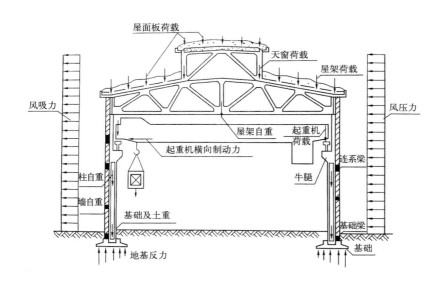

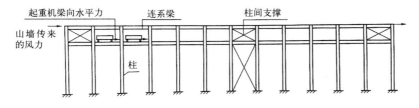

图 4—14　单层厂房的横向排架及受荷示意（上）

图 4—15　纵向排架示意（下）

围护结构布置

（1）抗风柱

抗风柱设置在山墙内侧，承受山墙传来的风荷载。抗风柱一般与基础刚接，与屋架上弦铰接。抗风柱上端与屋架的连接须满足两个要求：一是在水平方向必须与屋架有可靠的连接，以保证有效地传递风荷载；二是在竖向应允许二者之间有一定的竖向相对位移，以防止厂房与抗风柱沉降不均匀时产生不利影响。所以，抗风柱和屋架一般采用竖向可以移动、水平向又有较大刚度的弹簧板连接；若厂房沉降较大时，则宜采用螺栓连接。

（2）圈梁、连系梁、过梁、基础梁

①圈梁

圈梁的作用是将墙体与厂房柱箍在一起，以增强厂房的整体刚度，防止由于地基不均匀沉降或较大振动荷载等对厂房产生不利影响。

②连系梁

连系梁的作用是连系纵向柱列，以增强厂房的纵向刚度并传递风荷载到纵向柱列；此外，还承受其上部墙体的自重。

③过梁

过梁的作用是承受门窗洞口上的墙体自重。在进行厂房结构布置时，应尽可能将圈梁、连系梁和过梁结合起来，以节约材料，简化施工。

④基础梁

在一般厂房中，基础梁的作用是承受围护墙体的自重，并将其传给柱下单独基础，而不另设墙基础。

基础梁底部离地基土表面应预留 100mm 的空隙，使梁可随柱基础一起沉降而不受地基土的约束，同时还可防止地基土冻胀时将梁顶裂。

4.3.3 排架结构工业建筑的结构设计概述

1. 排架的计算简图

单层厂房排架结构实际上是一空间结构体系，设计时为简化计算，将厂房结构沿纵、横两个主轴方向，按横向平面排架和纵向平面排架分别计算，即假定纵、横向排架之间互不影响，各自独立工作。

由于纵向柱列中柱子数量较多，并有吊车梁和连系梁等多道联系，又有柱间支撑的有效作用，因此纵向排架中构件的内力通常不大。当设计不考虑地震时，一般可不进行纵向平面排架计算。

这样单层厂房排架结构的计算就简化成为横向平面排架计算。

1）计算单元

由于横向排架沿厂房纵向一般为等间距均匀排列，作用于厂房上的各种荷载（起重机荷载除外）沿厂房纵向基本为均匀分布，计算时可以通过任意相邻纵向柱距的中心线截取出有代表性的一段作为整个结构的横向平面排架的计算单元，如图 4-16 中的阴影部分所示。除起重机等移动荷载以外，阴影部分

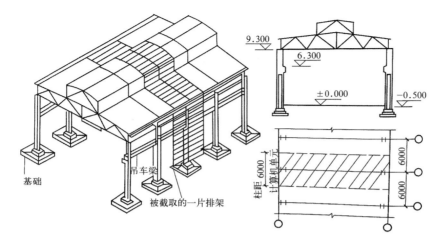

图 4—16 排架的计算
单元和计算简图

就是排架的负荷范围，或称从属面积。

2）计算简图

在确定排架结构的计算简图时，为简化计算作了以下假定：

（1）柱上端与屋架（或屋面梁）为铰接；

（2）柱下端固接于基础顶面；

（3）排架横梁为无轴向变形刚性杆，横梁两侧柱顶的水平位移相等；

（4）排架柱的高度由固定端算至柱顶铰接点处，排架柱的轴线为柱的几何中心线。

根据以上假定，横向排架的计算简图如图 4—16 所示。

2. 排架上的荷载

作用在排架上的荷载有恒荷载和活荷载两类。恒荷载一般包括屋盖自重 G_1、上柱自重 G_2、下柱自重 G_3、吊车梁与轨道联结件等自重 G_4 及有时支承在柱牛腿上的围护结构自重 G_5 等。活荷载一般包括屋面活荷载 Q_1、起重机竖向荷载 D_{max}（D_{min}）、起重机横向水平荷载 T_{max}、横向均布风荷载 q 及作用于排架柱顶的集中风荷载 F_w 等（图 4—17）。

1）恒荷载

（1）屋盖自重 G_1

屋盖自重包括屋面各构造层、屋面板、天窗架、屋架或屋面梁、屋盖支撑等自重。当采用屋架时，G_1 通过屋架上、下弦中心线的交点（一般距纵向定位轴线 150mm）作用于柱顶；当采用屋面梁时，G_1 通过梁端支承垫板的中心线作用于柱顶。G_1 对上柱有偏心距 e_1，对柱顶有力矩 $M_1 = G_1 e_1$；对下柱变截面处有力矩 $M_1' = G_1 e_2$（图 4—18）。

（2）柱自重 G_2 和 G_3

上、下柱的自重 G_2 和 G_3 分别沿上、下柱中心线作用，G_2 在牛腿顶面处，对下柱有力矩 $M_2' = G_2 e_2$，如图 4—19 所示。

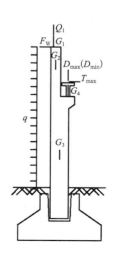

图 4—17 排架柱上的
荷载

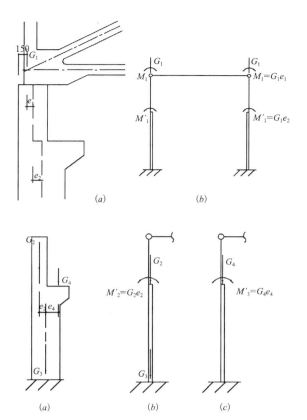

图 4-18 屋盖自重 G_1 的作用位置及计算简图

图 4-19 柱自重 G_2、G_3 和吊车梁自重 G_4 作用位置和计算简图

(3) 吊车梁与轨道联结件等自重 G_4

吊车梁与轨道联结件等自重 G_4 沿吊车梁的中心作用于牛腿顶面，对下柱截面中心线有偏心距 e_4，在牛腿顶面处形成力矩 $M_3 = G_4 e_4$，如图 4-19 所示。

(4) 围护结构自重 G_5

由柱侧牛腿上连系梁传来围护结构自重 G_5，沿连系梁中心线作用于牛腿顶面。

2）屋面活荷载

屋面活荷载包括屋面均布活荷载、雪荷载及积灰荷载，各荷载标准值均可由《建筑结构荷载规范》GB 50009—2012 查得。屋面活荷载 Q_1 通过屋架以集中力的形式作用于柱顶，其作用位置与屋盖自重 G_1 相同。

屋面均布活荷载不应与雪荷载同时考虑，取二者中的较大值；积灰荷载则应与雪荷载或屋面均布活荷载二者中的较大值同时考虑。

3）起重机荷载

图 4-20 所示为厂房中常用的桥式起重机，由大车（桥架）和小车组成，大车在吊车梁的轨道上沿厂房纵向行驶，小车在大车的导轨上沿厂房横向运行，带有吊钩的起重卷扬机安装在小车上。

桥式起重机在排架上产生的荷载有竖向荷载 D_{max}（或 D_{min}）、横向水平荷载 T_{max} 及起重机纵向水平荷载 T_e。

(1) 起重机竖向荷载 D_{max}（或 D_{min}）

①起重机最大轮压 P_{max} 与最小轮压 P_{min}

当小车吊有额定最大起重量行驶至大车某一侧端头极限位置时，小车所在一侧的每个大车轮压即为起重机的最大轮压 P_{max}，同时另外一侧的每个大车轮压即为最小轮压 P_{min}（见图 4-20）。P_{max} 和 P_{min} 可根据所选用的起重机型号、规格由产品目录或手册查得。

②起重机竖向荷载 D_{max}（或 D_{min}）

起重机最大轮压 P$_{max}$ 与最小轮压 P_{min} 同时产生，分别作用在两侧的吊车梁上，经由吊车梁两端传给柱子的牛腿。起重机是一组移动荷载，起重机在纵向的运行位置，直接影响其轮压对柱子所产生的竖向荷载，因此须用吊车梁的支座反力影响线来求得由 P_{max} 对排架柱所产生的最大竖向荷载值 D_{max}。

起重机竖向荷载 D_{max} 和 D_{min}，除与小车行驶的位置有关外，还与厂房内的起重机台数以及大车沿厂房纵向运行的位置有关。当计算同一跨内可能有多台起重机作用在排架上所产生的竖向荷载时，《建筑结构荷载规范》GB 50009—2012 规定，对单跨厂房一般按不多于两台起重机考虑；对于多跨厂房一般按不多于四台起重机考虑。

当两台起重机满载靠紧并行，其中较大一台起重机的内轮正好运行至计算排架柱的位置时，作用于最大轮压 P_{max} 一侧排架柱上的起重机荷载为最大值 D_{max}（图 4-21）；与此同时，在另一侧的排架柱上，则由最小轮压 P_{min} 产生竖向最小荷载 D_{min}。D_{max} 或 D_{min} 可根据图 4-21 所示的起重机最不利位置和吊车梁支座反力影响线求得：

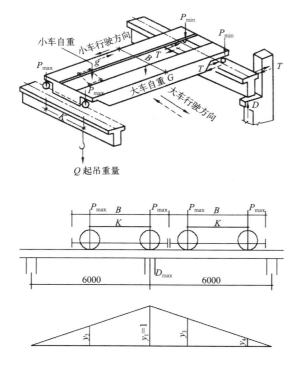

图 4-20 起重机最大轮压与最小轮压（上）

图 4-21 起重机纵向运行最不利位置及吊车梁支座反力影响线（下）

$$D_{\max} = P_{\max} \sum y_i \qquad (4-2)$$
$$D_{\min} = P_{\min} \sum y_i \qquad (4-3)$$

式中　$\sum y_i$——起重机最不利布置时，各轮子下影响线竖向坐标值之和，可根据起重机的宽度 B 和轮距 K 确定。

起重机竖向荷载 $D_{\max}$ 与 $D_{\min}$ 沿吊车梁的中心线作用在牛腿顶面。

由于 $D_{\max}$ 既可发生在左柱，也可发生在右柱，因此在计算排架时两种情况均应考虑。

（2）起重机横向水平荷载 $T_{\max}$

起重机的横向水平荷载 $T_{\max}$ 是当小车沿厂房横向运动时，由于启动或突然制动产生的惯性力，通过小车制动轮与桥架上导轨之间的摩擦力传给大车，再通过大车轮均匀传给大车轨道和吊车梁，再由吊车梁与上柱的连接钢板传给两侧排架柱。起重机横向水平荷载作用位置在吊车梁顶面，且同时作用于起重机两侧的排架柱上，方向相同。

当四轮起重机满载运行时，每个大车轮引起的横向水平荷载标准值为：
$$T = \alpha \ (g+Q) \ /4 \qquad (4-4)$$

式中　α——横向制动力系数，取值规定如下：

软钩起重机：当 $Q \leqslant 10t$ 时，$\alpha = 0.12$；

当 $Q = 16 \sim 50t$ 时，$\alpha = 0.10$；

当 $Q \geqslant 75t$ 时，$\alpha = 0.08$。

硬钩起重机：$\alpha = 0.20$。

起重机的横向水平制动力也是移动荷载，其最不利作用位置与图 4-21 中所示起重机的竖向轮压相同，所以，起重机最大横向水平荷载标准值 $T_{\max}$，也需根据起重机的最不利位置和吊车梁支座反力影响线确定，即
$$T_{\max} = T \ \sum y_i \qquad (4-5)$$

计算排架时，起重机的横向水平荷载应考虑向左和向右两种情况（图 4-22）。

（3）起重机纵向水平荷载 T_e

起重机纵向水平荷载是由起重机的大车突然启动或制动引起的纵向水平惯性力，它由大车的制动轮与轨道的摩擦，经吊车梁传到纵向柱列或柱间支撑。

在横向排架结构计算分析中，一般不考虑起重机纵向水平荷载。

4）风荷载

（1）垂直作用在建筑物表面上的均布风荷载

垂直作用在厂房表面上的风荷载标准值 w_k（kN/m^2）按下式计算：
$$w_k = \beta_z \mu_s \mu_z w_0 \qquad (4-6)$$

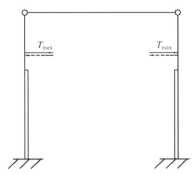

图 4-22　起重机横向水平作用下的计算简图

式中 w_0——基本风压（kN/m²），以当地比较空旷平坦的地面上离地 10m 高统计所得的 50 年一遇 10min 平均最大风速为标准确定，可由《建筑结构荷载规范》GB 50009—2012 查得。

β_z——z 高度处的风振系数，对于单层厂房可取 $\beta_z = 1.0$。

μ_s——风荷载体形系数，"+"表示风压力，"−"表示风吸力，其值见图 4—23。

μ_z——风压高度变化系数，即不同高度处的风压值与离地 10m 高度处的风压值的比值，根据地面粗糙程度类别及高度 z，由《建筑结构荷载规范》GB 50009—2012 查得。

风荷载标准值 w_k 沿高度是变化的，为简化计算，将柱顶以下的风荷载沿高度取为均匀分布，其值分别为 q_1（迎风面的风压力）和 q_2（背风面的风吸力），见图 4—24，风压高度变化系数 μ_z 按柱顶标高取值。

（2）屋面传来的集中风荷载

作用于柱顶以上的风荷载，通过屋架以集中力 F_w 形式施加于排架柱顶，其值为屋架高度范围内的外墙迎风面、背风面的风荷载及坡屋面上风荷载的水平分力的总和（图 4—24），计算时也取为均布荷载，此时的风压高度变化系数 μ_z 按下述情况确定：有矩形天窗时，取天窗檐口标高；无矩形天窗时，按厂房檐口标高取值。进行排架计算时，将柱顶以上的风荷载以集中力的形式作用于排架柱顶，其计算简图见图 4—24。排架计算时，要考虑左风和右风两种情况。

4.3.4 排架结构工业建筑的质量要求与检验

（1）砖砌体工程：

砂浆配合比的确定：在满足砂浆的和易性的条件下，控制砂浆的强度。砂浆搅拌加料顺序：用砂浆搅拌机搅拌应分两次投料，先加入部分砂子、水和

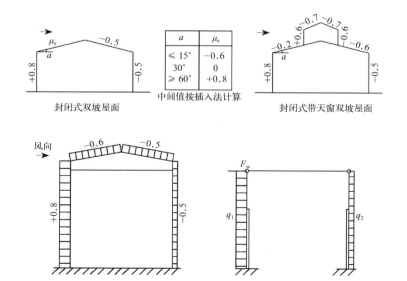

图 4—23　风荷载体形系数（上）
图 4—24　排架在风荷载作用下的计算简图（下）

全部外加剂，通过搅拌叶片和砂子搓动，将外加剂打开（不见疙瘩为止），再投入其余的砂子和全部水泥。

水泥混合砂浆中的外加剂，应符合实验室试配时的材质要求。

不用强度等级过高的水泥和过细的砂子拌制砂浆，严格执行施工配合比，保证搅拌时间。

灰槽中的砂浆，使用时应经常用铲翻拌、清底，将灰槽内边角处的砂浆刮干净，堆于一侧继续使用，或与新拌砂浆混在一起使用。

墙体的砖缝搭接不得少于1/4砖长；内外皮砖层最多隔五层砖就应有一层砖拉结。

竖向灰缝的砂浆必须饱满，每砌完一层砖，都要进行一次竖缝刮浆塞缝工作，以提高砌体的强度。

严禁用干砖砌墙，冬期（白天有正温）也要将砖面适当湿润后再砌筑。

砌墙前要进行统一摆底，并先对现场砖的尺寸进行实测，以便确定组砌方法和调整竖缝宽度。

沿墙每隔一定间隔，在竖缝处弹墨线，墨线用经纬仪测。挂线两端相互呼应，注意同一条水平线所砌砖的层数是否与皮数杆上的砖数相符。

在砌墙一步架砌完前，检查标高误差，墙体的标高误差，在一步架内调整完结。

（2）模板工程：模板结构几何尺寸必须准确，安装稳固，拼装严密。针对走模、胀模和柱接头不正、不直等质量通病，施工时必须制订详细组装操作步骤及拼装方法，首先要确保模板的制作质量。

（3）钢筋工程：钢筋的品种、数量、规格、位置必须准确，钢筋接头和搭接长度应符合设计图纸要求和规范规定，钢筋绑扎后按规定垫好保护层，楼面双层钢筋应加撑铁，并避免施工人员在上面践踏，确保钢筋成品。

（4）混凝土工程：混凝土施工前进行严格试配，施工时对后浇带混凝土应重点加强养护，混凝土外加剂掺量按试配结果确定。严格按照配合比拌制混凝土，后台设吊磅计量装置，确保砂石计量准确。混凝土采用浇水或覆盖养护，定人定时，养护时间不少于14d。及时做好混凝土施工记录、隐蔽记录和施工日记，并按规定留置试块。

（5）屋面工程：原材料进场后，应进行抽样送检，确保材质符合要求。做好的基层平整、干燥，不起砂。防水层按规范和图纸要求进行施工，施工前制订详细技术方案，先进行技术交底，确保防水层施工质量。

（6）楼地面工程：主体工程施工中楼地面找平，必须用水准仪跟班抄平，以控制好平整度。基层先用水湿润，且必须清理干净，并做好混凝土表面凿点及拉毛处理。

（7）装饰工程：为确保装饰工程质量优良，从材料采购、管理及操作上采取有力措施；材料采购要比质比价，并邀请业主、监理、设计方一起看样订货。

（8）涂料工程：油漆涂料涂刷前应清扫剔除基层表面的浮渣、毛刺、油污。

基层干燥，符合要求后方可进行，刮涂时应做到注意光亮均匀、色泽一致。刮完后立即仔细检查一遍，如发现有毛病应及时修整。

（9）土建与安装交叉施工时，应加强配合与衔接，协同配合好，互相提供方便。做好建筑成品保护和上道工序成果保护，使建筑物各分项工程、构配件和设备在交工时完好如新。

（10）吊装前必须复验排架用各类钢材、焊条、高强螺栓等原材料出厂和合格证、进场试验报告，各项指标应符合设计和规范要求。反复核验结构轴线、标高，逐一复检每榀排架、每个杆（部）件的规格、型号、几何尺寸，连接板相关角度、螺栓孔径孔距、摩擦面数，复验全部焊缝质量及超声检测报告单，扭矩扳手。

（11）钢结构各杆（部）件要分类编号、妥善放置，避免杆（部）件变形、损伤。

4.4 学习项目4 门式刚架结构工业建筑

门式刚架结构通常是指由直线形杆件（梁和柱）通过刚性节点连接起来的"门"字形结构。工程中习惯把梁与柱之间为铰接的单层结构称为排架，多层多跨的刚架结构则称为框架。我们讨论的刚架是单层刚架，因单层单跨或多跨刚架"门"字形的外形之故，习惯上称为门式刚架。尤其是轻钢门式刚架已成为当今工业建筑的主要结构形式。

4.4.1 门式刚架结构工业建筑的特点

门式刚架尤其是轻钢门式刚架的最大特征在于"轻"。主要体现在：构件自重轻，在围护系统和屋面系统中大面积地采用了轻质新型材料，降低了建筑工程自重，减少了基础的面积和深度，很好地适应了软土地基；由于采用大柱网，空间布置灵活，用钢量低；大幅度降低工程造价，综合效益好；适用于起重量不大于20t的轻中级（A1~A5）桥式起重机或3t悬挂式起重机（有需要并采取可靠技术措施时允许不大于5t）。

4-3 门式刚架结构工业建筑特点课件

轻钢门式刚架的建筑功能较强，由于屋面与围护墙体材料选用的是热喷涂镀锌彩色钢板，不但色彩美观，还具有防腐、防锈等功能，通常15~20年不会脱色。若选用有隔热隔声效果和阻燃性能的彩钢夹芯复合板，可适用于气候炎热和严寒地区的建筑。

4-4 门式刚架结构工业建筑特点微课

单层刚架结构的外形可分为平顶、坡顶或拱顶，可以是单跨、双跨或多跨连续。它可以根据通风、采光的需要设置天窗、通风屋脊和采光带。刚架横梁的坡度主要由屋面材料及排水要求确定，一般为1:10。对于常见中小跨度的双坡门式刚架，过去其屋面材料一般多用石棉水泥波形瓦、瓦楞体及其他轻型瓦材，现在一般为压型彩钢板或彩钢夹芯板屋面，部分工程采用铝镁锰合金屋面板。

由于刚架总体仍属受弯结构，其材料未能发挥作用，结构自重仍较重，跨度也受到限制。目前，我国6、15、18m等常见柱距的轻钢门式刚架已有国家标准图集；《门式刚架轻型房屋钢结构技术规范》GB 51022—2015推荐刚架单跨跨度宜为12～48m。

单层刚架结构的布置是十分灵活的，它可以是平行布置、辐射状布置或以其他的方式排列，形成风格多变的建筑造型。

一般情况下，矩形平面建筑都采用等间距、等跨度的平行刚架布置方案。与桁架相比，由于门架弯矩小，梁柱截面的高度小，且不像桁架有水平下弦，故显得轻巧、净空高、内部空间大，利于使用。

在进行结构总体布置时，平面刚架的侧向稳定是值得重视的问题，应加强结构的整体性，保证结构纵横两个方向的刚度。一般情况下，矩形平面建筑都采用等间距、等跨度的平行刚架布置方案。刚架结构为平面受力体系，当多榀刚架平行布置时，在结构纵向实际上为几何可变的铰接四边形结构。因此，为保证结构的整体稳定性，应在纵向柱间布置连系梁及柱间支撑，同时在横梁的顶面设置上弦横向水平支撑，柱间支撑和横梁上弦横向水平支撑宜设置在同一开间内。对于独立的刚架结构，如人行天桥，应将平行并列的两榀刚架通过垂直和水平剪刀撑构成稳定牢固的整体。为把各榀刚架不用支撑而用横梁连成整体，可将并列的刚架横梁改成相互交叉的斜横梁，这实际上已形成了空间结构体系。对正方形或接近方形平面的建筑或局部结构，可采用纵、横双向连成整体的空间刚架。

轻钢门式刚架的另一特征是施工速度快。其大多构件在工厂预制，现场安装，完全采用工厂化、标准化生产方式，工程施工进度非常快。且劳动强度低，机具简单，外形美观、轻巧。面积数万平方米的轻钢门式刚架工业厂房，只要数月时间便可完工，日后如遇改建还可以拆卸和重复使用，而且结构具有良好的抗震性能。

4.4.2　门式刚架结构工业建筑的构造组成

1. 门式刚架整体组成

门式刚架结构厂房由以下部分组成：轻钢结构门架，围护结构檩条，彩色压型钢板或复合夹芯板墙屋面及其他配套设施（门窗、采光通风等）。轻钢结构厂房的结构形式，可根据用户的具体工艺要求，除门式刚架结构形式外，还可选择单跨、多跨等高或不等高排架结构。梁柱可用实腹结构，也可用蜂窝结构。目前，国外最大跨度已可做到100m。

轻型门式刚架的结构体系包括以下组成部分：

（1）主结构：横向刚架（包括中部和端部刚架）、楼面梁、托梁、支撑体系等；

（2）次结构：屋面檩条和墙面檩条等；

（3）围护结构：屋面板和墙板；

（4）辅助结构：楼梯、平台、扶栏等；

（5）基础。

4-5 门式刚架工业建筑的构造组成课件

轻钢门式刚架组成的图示说明如图 4-25 所示。

平面门式刚架和支撑体系再加上托梁、楼面梁等组成了轻钢门式刚架的主要受力骨架，即主结构体系。屋面檩条和墙面檩条既是围护材料的支承结构，又为主结构梁柱提供了部分侧向支撑作用，构成了轻型钢建筑的次结构。屋面板和墙面板起整个结构的围护和封闭作用，由于蒙皮效应事实上也增加了轻型钢建筑的整体刚度。

外部荷载直接作用在围护结构上。其中，竖向和横向荷载通过次结构传递到主结构的横向门式刚架上，依靠门式刚架的自身刚度抵抗外部作用。纵向风荷载通过屋面和墙面支撑传递到基础上。

2. 门式刚架的构造

1）刚架的构件

主刚架由边柱、刚架梁、中柱等构件组成。边柱和梁通常根据门式刚架弯矩包络图的形状制作成变截面以达到节约材料的目的；根据门式刚架横向平面承载、纵向支撑提供平面外稳定的特点，要求边柱和梁在横向平面内具有较大的刚度，一般采用焊接工字形截面。中柱以承受轴压力为主，通常采用强弱轴惯性矩相差不大的宽翼缘工字钢、矩形钢管或圆管截面。刚架的主要构件运输到现场后通过高强度螺栓节点相连。典型的主刚架如图 4-26 所示。

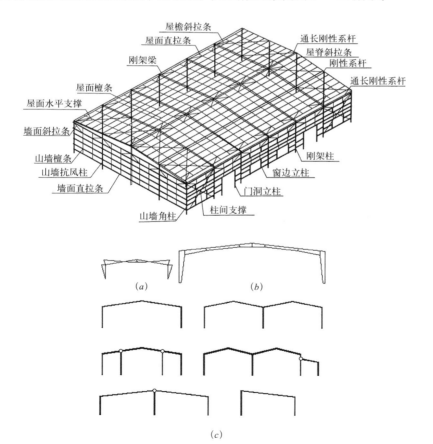

图 4-25 轻钢结构厂房的组成（上）

图 4-26 主刚架包络图及基本形式（下）
（a）弯矩包络图；
（b）变截面形式；
（c）刚架常用形式

2）节点形式

刚架结构的形式较多，其节点构造和连接形式也是多种多样的，设计的基本要求是，既要尽量使节点构造符合结构计算简图的假定，又要使制造、运输、安装方便。这里仅介绍几种实际工程中常见的连接构造。

门式实腹式刚架，一般在梁柱交接处及跨中屋脊处设置安装拼接单元，用螺栓连接。拼接节点处，有加腋与不加腋两种。在加腋的形式中又有梯形加腋与曲线形加腋两种，通常多采用梯形加腋。加腋连接既可使截面的变化符合弯矩图形的要求，又便于连接螺栓的布置。

（1）梁柱节点

轻钢门式刚架边柱节点如图 4-27 所示，中柱节点如图 4-28 所示，披跨节点如图 4-29 所示。

（2）梁梁节点

梁梁拼接节点如图 4-30 所示。

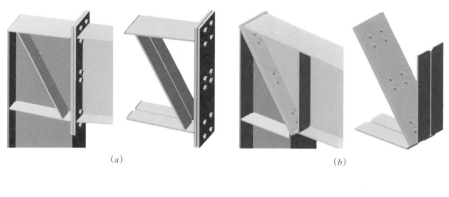

（a）   （b）

图 4-27　边柱节点
（a）端板斜放（一）；
（b）端板斜放（二）

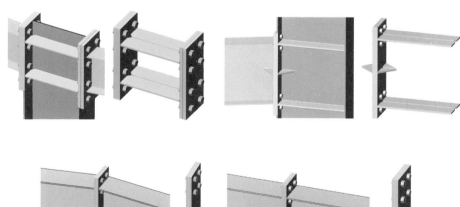

图 4-28　中柱节点(左)
图 4-29　披跨节点(右)

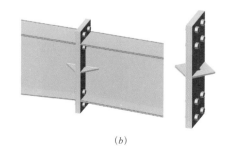

（a）   （b）

图 4-30　梁梁拼接节点
（a）屋脊；
（b）斜梁拼接

（3）柱脚节点

铰接柱脚节点如图 4−31 所示，刚接柱脚节点如图 4−32 所示。

（4）牛腿节点

牛腿节点如图 4−33 所示。

（5）屋檩檩托、隅撑、墙檩檩托节点

屋面梁檩托节点如图 4−34 所示，隅撑节点如图 4−35 所示，墙檩节点如图 4−36 所示。

4.4.3　门式刚架结构工业建筑的结构设计概述

1. 轻钢门式刚架结构特点

门式刚架按其结构组成和构造的不同，可以分为无铰刚架、两铰刚架和三铰刚架等三种形式（图 4−37）。在同样荷载作用下，这三种刚架的内力分布和大小是有差别的，其经济效果也不相同。刚架结构的受力优于排架结构，因

4−6　轻钢门式刚架结构特点微课

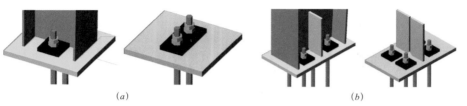

(a)　　　　　　　　　　　　　(b)

图 4−31　铰接柱脚节点

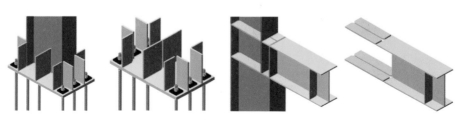

图 4−32　刚接柱脚节点（左）

图 4−33　牛腿节点（右）

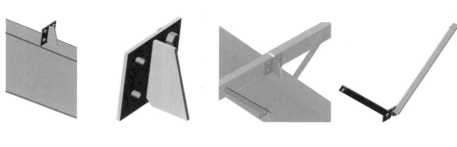

图 4−34　檩托节点（左）

图 4−35　隅撑节点（右）

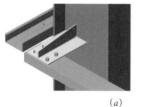

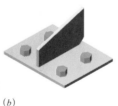

(a)　　　　　　　　　　　　　(b)

图 4−36　墙檩节点
(a) 墙檩与柱腹板连接；
(b) 墙檩与柱翼缘连接

刚架梁柱节点处为刚接，在竖向荷载作用下，由于柱对梁的约束作用而减小了梁跨中的弯矩和挠度。在水平荷载作用下，由于梁对柱的约束作用减少了柱内的弯矩和侧向变位，如图 4-38 所示。因此，刚架结构的承载力和刚度都大于排架结构。

无铰门式刚架（图 4-39a）的柱脚与基础固接，为三次超静定结构，刚度好，结构内力分布比较均匀，但柱底弯矩比较大，对基础和地基的要求较高。因柱脚处有弯矩、轴向压力和水平剪力共同作用于基础，基础材料用量较多。由于其超静定次数高，结构刚度较大，当地基发生不均匀沉降时，将在结构内产生附加内力，所以在地基条件较差时需慎用。

两铰门式刚架（图 4-39b）的柱脚与基础铰接，为一次超静定结构，在竖向荷载或水平向荷载作用下，刚架内弯矩均比无铰门式刚架大。它的优点是刚架的铰接柱基不承受弯矩作用，构造简单，省料省工；当基础有转角时，对结构内力没有影响。但当两柱脚发生不均匀沉降时，则将在结构内产生附加内力。

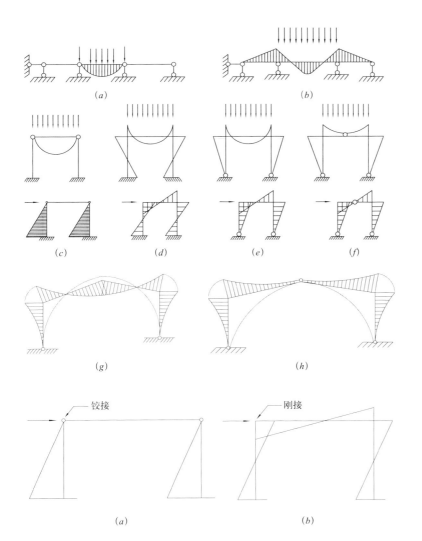

图 4-37　弯矩图对比
(a) 单跨梁；
(b) 连续梁；
(c) 排架；
(d) 无铰刚架；
(e) 双铰刚架（一）；
(f) 三铰刚架（一）；
(g) 双铰刚架（二）；
(h) 三铰刚架（二）

图 4-38　在水平荷载作用下刚架与排架弯矩图对比
(a) 排架；
(b) 刚架

三铰门式刚架（图 4-39c）在屋脊处设置永久性铰，柱脚也是铰接，为静定结构，温度差、地基的变形或基础的不均匀沉降对结构内力没有影响。三铰和两铰门式刚架材料用量相差不多，但三铰刚架的梁柱节点弯矩略大，刚度较差，不适合用于有桥式起重机的厂房，仅用于无起重机或小吨位悬挂起重机的建筑。钢筋混凝土三铰门式刚架的跨度较大时，半榀三铰刚架的悬臂太长致使吊装不便，而且吊装内力较大，故一般仅用于跨度较小（6m）或地基较差的情况。

在实际工程中，大多采用无铰和两铰刚架以及由它们组成的多跨结构，如图 4-39（a）、图 4-39（b）所示。三铰刚架很少采用。

2. 轻钢门式刚架结构应用

单层刚架结构的杆件较少，一般为大跨度结构，内部空间较大，便于利用。且刚架一般由直杆组成，制作方便。因此，在实际工程特别是工业建筑中应用非常广泛。当跨度与荷载一定时，门式刚架结构比屋面大跨梁（或屋架）与立柱组成的排架结构轻巧，可节省钢材约 10% 以上。斜梁为折线形的门式刚架类似于拱的受力特点，更具有受力性能良好、施工方便、造价较低和造型美观等优点。由于斜梁是折线形的，使室内空间加大，适于双坡屋顶的单层中、小型建筑，在工业厂房、体育馆、礼堂和食堂等民用建筑中得到广泛应用。但门式刚架刚度较差，受荷载后产生跨变，因此用于工业厂房时，起重机起重量一般不超过 10t。

实际工程中大多采用两铰刚架以及由它们组成的多跨结构，如图 4-40 所示。无铰刚架很少使用。

门式刚架的高跨比、梁柱线刚度比、支座位移、温度变化等均是影响门式刚架结构内力的因素，门式刚架结构选型时应予以考虑。

3. 结构抗震验算规定

（1）因自重轻，低矮型，国外报导这种房屋抗震性能相当好。《建筑抗震设计规范（2016 年版）》GB 50011—2010 规定，"不适用于单层轻型钢结构厂房"。

（2）地震对单层钢结构厂房有时控制有时不控制，试设计表明，跨高比大

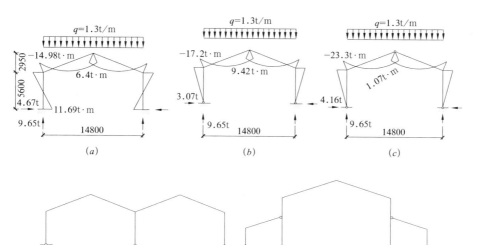

图 4-39 三种不同形式的刚架弯矩图
(a) 无铰刚架；
(b) 两铰刚架；
(c) 三铰刚架

图 4-40 多跨刚架的形式

于 3.5 时一般不控制。地震不控制时宽厚比可按《门式刚架轻型房屋钢结构技术规范》GB 51022—2015，地震控制时翼缘和柱长细比应适当减小，斜梁檐口部位和柱的翼缘宽厚比应特别注意，本规程对不同烈度时的要求未作具体规定。

（3）试设计表明，无超重机时横向和纵向框架 7 度可不作抗震验算，但有起重机时，和无起重机 8 度时，一律应作抗震验算。

（4）横向刚架和纵向框架应分别进行抗震计算。

（5）抗震计算宜采用底部剪力法；反应谱计算时阻尼比取 0.05。

（6）大跨度结构应按规定考虑竖向地震作用。

（7）当有局部多于一层并与门式刚架相连接的附属房屋时，应按有关规范进行抗震验算（重型楼盖尤其应重视）。

（8）当设计有抗震控制时，应采取相应的抗震构造措施。构件之间应尽量采用螺栓连接；斜梁下翼缘与刚架柱连接处的腋部宜加强，承载力宜留有余地；该处附近翼缘受压区的宽厚比应适当减小；柱间支撑的连接是关键部位，角钢连接要考虑单面连接和净截面对承载力的影响，按高于支撑屈服承载力设计；柱脚锚栓充分考虑抗剪和抗拔要求等。

4.4.4　门式刚架结构工业建筑的质量要求与检验

根据《建筑工程施工质量验收统一标准》GB 50300—2013 的规定，钢结构作为主体结构之一应按子分部工程竣工验收；当主体结构均为钢结构时，应按分部工程竣工验收，大型钢结构工程可划分成若干个子分部工程进行竣工验收。

1. 门式刚架结构钢结构分部工程有关安全及功能和见证检测项目

1）见证取样送样试验项目

（1）钢材及焊接材料复验。

（2）高强度螺栓预拉力、扭矩系数复验。

（3）摩擦面抗滑移系数复验。

2）焊缝质量

（1）内部缺陷。

（2）外观缺陷。

（3）焊缝尺寸。

3）高强度螺栓施工质量

（1）终拧扭矩。

（2）梅花头检查。

4）柱脚支座

（1）锚栓紧固。

（2）垫板垫块。

（3）二次灌浆。

5）主要构件变形

（1）钢屋（托）架桁架：钢梁、吊车梁等垂直度和侧向弯曲。

4-7 轻钢门式刚架验收总体要求微课

（2）钢柱垂直度。

6）主体结构尺寸

（1）整体垂直度。

（2）整体平面弯曲。

其检验应在其分项工程验收合格后进行。

7）钢结构分部工程观感质量检验

应按《钢结构工程施工质量验收标准》GB 50205—2020 附录 H 执行。

2．钢结构分部工程合格质量标准

（1）各分项工程质量均应符合合格质量标准。

（2）质量控制资料和文件应完整。

（3）有关安全及功能的检验和见证检测结果应符合本规范相应合格质量标准的要求。

（4）有关观感质量应符合本规范相应合格质量标准的要求。

3．钢结构分部工程竣工验收文件和记录

（1）钢结构工程竣工图纸及相关设计文件。

（2）施工现场质量管理检查记录。

（3）有关安全及功能的检验和见证检测项目检查记录。

（4）有关观感质量检验项目检查记录。

（5）分部工程所含各分项工程质量验收记录。

（6）分项工程所含各检验批质量验收记录。

（7）强制性条文检验项目检查记录及证明文件。

（8）隐蔽工程检验项目检查验收记录。

（9）原材料成品质量合格证明文件中文标志及性能检测报告。

（10）不合格项的处理记录及验收记录。

（11）重大质量技术问题实施方案及验收记录。

（12）其他有关文件和记录。

参考文献

[1] 赵西平. 房屋建筑学 [M]. 2 版. 北京：中国建筑工业出版社，2017.

[2] 段莉秋. 建筑工程概论 [M]. 第二版. 北京：中国建筑工业出版社，2012.

[3] 崔艳秋. 建筑概论 [M].3 版. 北京：中国建筑工业出版社，2016.

[4] 刘加平. 绿色建筑概论 [M]. 北京：中国建筑工业出版社，2010.

[5] 郭学明. 装配式建筑概论 [M]. 北京：机械工业出版社，2018.

[6] 方建邦. 建筑结构 [M].2 版. 北京：中国建筑工业出版社，2016.

[7] 戚豹. 建筑结构选型 [M]. 北京：中国建筑工业出版社，2008.

[8] 姚谨英. 建筑施工技术 [M]. 6 版. 北京：中国建筑工业出版社，2017.

[9] 孙韬，李继才. 轻钢及围护结构工程施工 [M]. 北京：中国建筑工业出版社，2012.

[10] 戚豹. 钢结构工程施工 [M]. 北京：中国建筑工业出版社，2010.

[11] 《建筑施工手册》编写组. 建筑施工手册 2 [M]. 4 版. 北京：中国建筑工业出版社，2003.

[12] 中国钢结构协会，建筑钢结构施工手册 [M]. 北京：中国计划出版社，2002.